承压类特种设备超声检测新技术与应用

张海营　薛永盛　谢曙光　著

黄河水利出版社

·郑州·

内 容 提 要

本书结合作者 30 余年的工作实践,在参考大量的相关书籍、科技论文及技术报告的基础上,基于承压类特种设备检测领域中应用最广、最新的超声检测技术,论述了承压类特种设备检验对超声类检测技术的需求等,分别介绍了衍射时差法检测、相控阵超声检测、超声导波检测、电磁超声检测等超声检测技术的原理,分析了各类技术的优点和局限性,列举了目前相关的技术标准,并结合实例,介绍了各类检测技术在承压类特种设备检测中的应用,力求理论结合实际,希望能更好地总结和推广超声检测技术在承压类特种设备检测领域的应用经验,为超声检测人员提供帮助。

本书可供特种设备检验检测人员、无损检测人员、无损检测仪器设备开发研究人员等阅读参考。

图书在版编目(CIP)数据

承压类特种设备超声检测新技术与应用/张海营,薛永盛,谢曙光著. —郑州:黄河水利出版社,2020.9
ISBN 978-7-5509-2839-8

Ⅰ.①承…　Ⅱ.①张…②薛…③谢…　Ⅲ.①承压部件-设备-超声检测-研究　Ⅳ.①TB4

中国版本图书馆 CIP 数据核字(2020)第 189835 号

组稿编辑:王路平　电话:0371-66022212　E-mail:hhslwlp@ 126. com

出 版 社:黄河水利出版社　　　　　　　　　　网址:www.yrcp.com
　　　　　地址:河南省郑州市顺河路黄委会综合楼 14 层　邮政编码:450003
发行单位:黄河水利出版社
　　　　　发行部电话:0371-66026940、66020550、66028024、66022620(传真)
　　　　　E-mail:hhslcbs@ 126. com
承印单位:虎彩印艺股份有限公司
开本:787 mm×1 092 mm　1/16
印张:8.75
字数:200 千字
版次:2020 年 9 月第 1 版　　　　　　　　印次:2020 年 9 月第 1 次印刷
定价:50.00 元

前　言

　　无损检测作为一种保障设备安全的重要的技术手段之一,广泛应用于工业等领域,随着科学技术的进步,无损检测技术也在不断地提高自身的科技含量以满足时代的需求。

　　超声检测的研究应用已有近百年的历史,在多种无损检测中具有其他技术无法比拟的优势,如适用技术领域广泛、检测成本较低、在使用过程中方便快捷,且不会对环境及人体产生不利影响等,因此超声检测在各国都得到了普遍应用。

　　第三次技术革命以来,现代科技水平不断提高,工业生产过程中也不断对产品的质量提出了更为严格的技术要求。计算机技术的成熟进步和广泛应用,推动了超声检测技术的进一步发展,使其能提供更高质量的检测结果。现代信息技术在超声检测技术中的应用,使其能应对更复杂的检测工作,在提取及分析数据时更为方便。超声检测技术的研究发展和应用取得了更大的进展,成为最为常用和重要的无损检测技术。

　　目前,超声检测技术已经发展到数字化、自动化、图像化的新阶段,基于计算机技术进入新的信息加工发展阶段,使用检测技术时由计算机进行控制与操作,可以对产品的全生命周期进行监督,发现质量有问题的产品可以及时精准定位并做出相应处理。这对超声检测提出了一些更高的基本要求,主要涉及三个方面:一是对检测设备的要求,包括仪器的数字化和设备系统的自动化;二是对检测方法的要求,包括自动采集、通信和评价检测结果;三是对检测标准的要求,包括设备系统、方法、人员、机构等各个方面。改革开放40多年来,我国工业经历了翻天覆地的变化,承压类特种设备行业正在从中国制造走向中国智造,各类设备均向大型化、高参数、长周期、高效率、低排放等方向发展,在这一发展历程中超声检测技术做出了卓越的贡献。

　　为更好地总结、提升、推广超声检测技术在承压类特种设备检测领域的应用经验,作者基于各类超声检测技术原理、特点、标准及应用,论述了承压类特种设备检验对超声类检测技术的需求等,主要讲述了承压类特种设备超声检测,并重点介绍了衍射时差法检测、相控阵超声检测、超声导波检测、电磁超声检测等。本书力求理论与实践相结合,侧重于实际应用,希望能够成为超声检测技术人员的必备参考书。

　　本书共包括6章,具体撰写分工如下:第1章由谢曙光撰写,第2章由薛永盛撰写,第3章由薛永盛、张海营撰写,第4章由张海营撰写,第5章由赵向南、张海营撰写,第6章由谢曙光、赵向南撰写。全书由张海营、薛永盛统稿。

　　本书在撰写过程中得到党林贵教授级高工等同事和同行的指导,在此表示衷心的感谢！同时本书的撰写参考了大量相关书籍、科技论文和技术报告，在此对其作者表示深深的谢意！北京铭诚泰达科技有限公司、北京邹展麓城科技有限公司、北京德朗科技有限公司、南通友联数码技术开发有限公司、河南联宜无损检测有限公司等单位对本书的出版提供了大力支持和帮助，在此一并表示感谢！

由于撰写时间仓促和作者水平有限，书中难免出现疏漏与不足之处，恳请广大读者批评指正。

作 者

2020 年 7 月

目 录

第 1 章　概　述

1.1　特种设备概述

特种设备具有在高温、高压、高空、高速条件下运行的特点,是人民群众生产和生活中广泛使用的具有潜在危险的设备,有的在高温、高压下工作,有的盛装易燃、易爆、有毒介质,有的在高空、高速下运行,一旦发生事故,会造成严重人身伤亡及重大财产损失。对此,世界各国政府均十分重视其安全,不断探索,寻找解决办法,对这类设备、设施实行特殊监管,以保障安全。我国根据《中华人民共和国特种设备安全法》《特种设备安全监察条例》《特种设备目录》对特种设备生产(包括设计、制造、安装、改造、修理)、经营、使用、检验、检测及其监督管理实施监管。国家对特种设备实行目录管理。特种设备目录由国务院负责特种设备安全监督管理的部门制定,报国务院批准后执行。2014 年 11 月,国家质检总局公布了新修订的《特种设备目录》,现行的特种设备目录包括锅炉、压力容器、压力管道、电梯、起重机械、客运索道、大型游乐设施和场(厂)内专用机动车辆等。其中,锅炉、压力容器、压力管道为承压类特种设备;电梯、起重机械、客运索道、大型游乐设施为机电类特种设备。

1.1.1　承压类特种设备

1.1.1.1　锅炉

锅炉是指利用各种燃料、电或者其他能源,将所盛装的液体加热到一定的参数,并通过对外输出介质的形式提供热能的设备,其范围规定为设计正常水位容积大于或者等于 30 L,且额定蒸汽压力大于或者等于 0.1 MPa(表压)的承压蒸汽锅炉;出口水压大于或者等于 0.1 MPa(表压),且额定功率大于或者等于 0.1 MW 的承压热水锅炉;额定功率大于或者等于 0.1 MW 的有机热载体锅炉。

1.1.1.2　压力容器

压力容器是指盛装气体或者液体,承载一定压力的密闭设备,其范围规定为最高工作压力大于或者等于 0.1 MPa(表压)的气体、液化气体和最高工作温度高于或者等于标准沸点的液体、容积大于或者等于 30 L 且内直径(非圆形截面,指截面内边界最大几何尺寸)大于或者等于 150 mm 的固定式容器和移动式容器;盛装公称工作压力大于或者等于 0.2 MPa(表压),且压力与容积的乘积大于或者等于 1.0 MPa·L 的气体、液化气体和标准沸点等于或者低于 60 ℃液体的气瓶;氧舱。

1.1.1.3　压力管道

压力管道是指利用一定的压力,用于输送气体或者液体的管状设备,其范围规定为最高工作压力大于或者等于 0.1 MPa(表压),介质为气体、液化气体、蒸汽或者可燃、易爆、有毒、有腐蚀性、最高工作温度高于或者等于标准沸点的液体，且公称直径大于或者等于 50 mm 的管道。公称直径小于 150 mm，且其最高工作压力小于 1.6 MPa（表压）的输送无毒、不可燃、无腐蚀性气体的管道和设备本体所属管道除外。其中，石油天然气管道的安全监督管理还应按照《中华人民共和国安全生产法》《中华人民共和国石油天然气管道保护法》等法律、法规实施。

1.1.2　机电类特种设备

1.1.2.1　电梯

电梯是指动力驱动，利用沿刚性导轨运行的箱体或者沿固定线路运行的梯级（踏步），进行升降或者平行运送人、货物的机电设备，包括载人（货）电梯、自动扶梯、自动人行道等。非公共场所安装且仅供单一家庭使用的电梯除外。

1.1.2.2　起重机械

起重机械是指用于垂直升降或者垂直升降并水平移动重物的机电设备，其范围规定为额定起重量大于或者等于 0.5 t 的升降机；额定起重量大于或者等于 3 t（或额定起重力矩大于或者等于 40 t·m 的塔式起重机，或生产率大于或者等于 300 t/h 的装卸桥），且提升高度大于或者等于 2 m 的起重机；层数大于或者等于 2 层的机械式停车设备。

1.1.2.3　客运索道

客运索道是指动力驱动，利用柔性绳索牵引箱体等运载工具运送人员的机电设备，包括客运架空索道、客运缆车、客运拖牵索道等。非公用客运索道和专用于单位内部通勤的客运索道除外。

1.1.2.4　大型游乐设施

大型游乐设施是指用于经营目的，承载乘客游乐的设施，其范围规定为设计最大运行线速度大于或者等于 2 m/s，或者运行高度距地面大于或者等于 2 m 的载人大型游乐设施。用于体育运动、文艺演出和非经营活动的大型游乐设施除外。

1.1.2.5　场（厂）内专用机动车辆

场（厂）内专用机动车辆是指除道路交通、农用车辆外仅在工厂厂区、旅游景区、游乐场所等特定区域使用的专用机动车辆。

特种设备包括其所用的材料、附属的安全附件、安全保护装置和与安全保护装置相关的设施。

1.2　承压类特种设备概述

1.2.1　锅炉概述

锅炉是一种能量转换设备，也是一种典型的承压类特种设备。《电工名词术语锅炉》（GB/T 2900.48—2008）将锅炉定义为：利用燃料燃烧释放的热能或其他热能加热水或其他工质，以生产规定参数（温度、压力）和品质的蒸汽、热水或其他工质的设备。为了供出一定数量并满足要求的压力和温度的工质，锅炉同时进行着三个主要的工作过程：

（1）燃料的燃烧过程：燃料在炉膛内燃烧，释放出化学能，将燃烧产物（烟气）加热至很高的温度。

（2）传热过程：在这个过程中，烟气所携带的热能通过锅炉的各种受热面传递给锅炉的工质。

（3）工质的加热汽化过热（锅内过程）：在这个过程中，工质吸收热量而被加热到所期望的温度。

1.2.1.1　锅炉的组成

锅炉由一系列设备组成，我们通常所说的"锅炉"一般是指锅炉本体，主要指由锅筒、集箱、受热面及其间的连接管道、燃烧设备、炉墙和构架等所组成的整体。

锅炉的核心构成部分是"锅"和"炉"。"锅"是容纳水和水蒸气的受压部件，主要包括锅筒（或锅壳）、水冷壁、过热器、再热器、省煤器、对流管束及集箱等，组成完整的水汽系统，进行水的加热、汽化、分离等过程。

"炉"是指燃料燃烧产生高温烟气，将化学能转化为热能的空间——炉膛。广义的"炉"是指燃料、烟气这一侧的全部空间，主要包括炉膛、水平烟道及尾部烟道等。

锅和炉是通过传热过程相互联系在一起的。受热面是锅和炉的分界面，通过受热面完成热量的传递。

《锅炉安全技术监察规程》（TSG G0001—2012）将锅炉分为锅炉本体、锅炉范围内管道、锅炉安全附件和仪表、锅炉辅助设备及系统。

锅炉本体由锅筒、受热面及其集箱和连接管道，炉膛、燃烧设备和空气预热器（包括烟道和风道），构架（包括平台和扶梯），炉墙和除渣设备等所组成的整体。

锅炉范围内管道对于电站锅炉，包括锅炉主给水管道、主蒸汽管道、再热蒸汽管道等；电站锅炉以外的锅炉，分为有分汽（水、油）缸的锅炉和无分汽（水、油）缸的锅炉；有分汽（水、油）缸包括锅炉给水（油）泵出口和分汽（水、油）缸出口与外部管道连接的第一道环向接头的焊缝内的承压管道［含分汽（水、油）缸］；无分汽（水、油）缸的锅炉，包括锅炉给水（油）泵出口和锅炉主蒸汽（水、油）出口阀以内的承压管道。

锅炉安全附件和仪表，包括安全阀、压力测量装置、水（液）位测量与示控装置、温度测量装置、排污和放水装置等安全附件，以及安全保护装置和相关的仪表等。

锅炉自控装置包括给水调节装置、燃烧调节装置、点火装置、熄火保护及送、引风机连锁装置等。锅炉附属设备包括燃料制备和输送系统、通风系统、给水系统，以及出渣、除灰、除尘等装置。

锅炉辅助设备及系统包括燃料制备、汽水、水处理等设备及系统。

1.2.1.2　锅炉类别

锅炉的分类方法很多，按用途划分为工业锅炉、电站锅炉、船用锅炉、机车锅炉。机车锅炉用作机车动力，船用锅炉用作船舶动力，机车锅炉和船用锅炉在这里不进行介绍。

（1）工业锅炉：生产的蒸汽或热水用于工业生产和/或民用的锅炉，一般是指额定工作压力小于等于 2.5 MPa 的锅炉。在工业锅炉中，还有相当数量的锅炉为小型锅炉和常压热水锅炉。

小型汽水两用锅炉：额定蒸发量不超过 0.5 t/h，额定蒸汽压力不超过 0.04 MPa 的锅炉。

小型热水锅炉:额定出水压力不超过 0.1 MPa 的锅炉,自来水加压的热水锅炉。

小型蒸汽锅炉:水容积不超过 50 L 且额定蒸汽压力不超过 0.7 MPa 的蒸汽锅炉。

小型铝制承压锅炉:本体选用铝质材料制造,额定出口蒸汽压力不超过 0.04 MPa,且额定蒸发量不超过 0.2 t/h 的锅炉。

常压热水锅炉:是指锅炉本体开孔或者用连通管与大气相通,在任何情况下,锅炉本体顶部表压力为 0 的锅炉。

WNS 湿背式卧式内燃燃油锅炉见图 1-1。

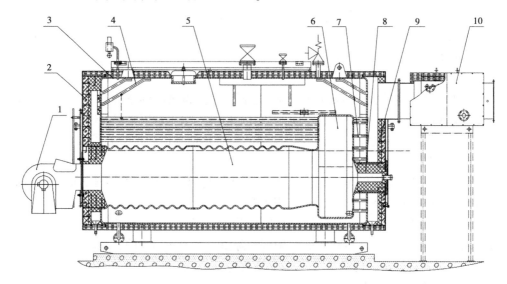

1—燃烧器;2—前烟箱;3—锅壳;4—斜拉杆;5—波纹炉胆;6—回燃室;
7—直拉杆;8—防爆孔;9—后烟箱;10—节能器

图 1-1　WNS 湿背式卧式内燃燃油锅炉

(2)电站锅炉:是指以发电或热电联产为主要目的的锅炉,额定工作压力一般大于等于 3.8 MPa。

对于额定工作压力在 2.5~3.8 MPa 的锅炉,当其用途属于发电、热电联产时,按电站锅炉对待。当其用途为工业生产和生活时,则按工业锅炉来对待。电站锅炉一般容量大,蒸汽参数(压力、温度)高,要求性能好,是火力发电站中的主要设备。

循环流化床锅炉见图 1-2,SG－1000 燃煤直流锅炉(300 MW 发电机组用锅炉)见图 1-3。

1.2.1.3　锅炉的工作特点及失效模式

锅炉受热面长期处在高温条件下工作,同时还受火、烟气、灰、水、汽、水垢等的侵蚀,使锅炉受压元件遭受腐蚀及烟气中的飞灰冲刷磨损,随着负荷和燃烧的变化发生热胀冷缩而产生疲劳损坏和蠕变裂纹。同时,因缺水、结水垢或水循环破坏使锅炉传热发生障碍,使高温区的受热面烧坏、鼓包、开裂,等等。所以,锅炉设备是在恶劣的条件下运行,比一般机械设备易于损坏。

锅炉设备一般都为承受压力载荷的设备(除常压热水锅炉外)。若在运行当中锅内

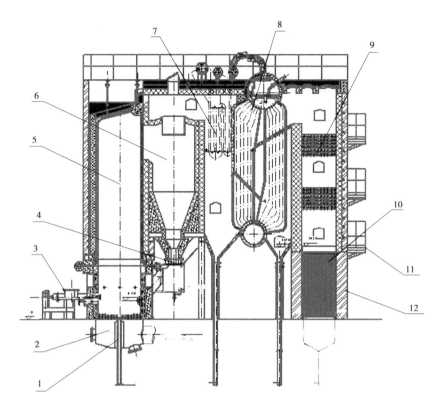

1—风室;2—流化床;3—给料装置;4—返料器;5—水冷系统;6—分离器;
7—过热器;8—对流管束;9—省煤器;10—空气预热器;11—钢结构;12—炉墙

图 1-2 循环流化床锅炉

压力升高,超过允许工作压力,而安全附件失灵,未能及时报警和排汽降压,当压力大于受压元件所能承受的极限压力时就会发生爆炸。或者是在正常工作压力下,由于受压元件出现缺陷(腐蚀、磨损、蠕变和疲劳失效等),使受压元件强度降低,而不能承受原来允许的工作压力时,锅炉也会发生破裂、泄漏,甚至爆炸。由于锅炉在发生爆炸时,锅内压力在瞬间骤降,锅炉的高温饱和水产生外泄汽化,其体积成百倍地膨胀,形成巨大冲击波,造成炉体飞出,冲垮建筑物,会带来严重的破坏和伤亡事故。

锅炉的爆破爆炸事故,常常是造成设备、厂房毁坏和人身伤亡的灾难性事故。锅炉机组停止运行,使蒸汽动力突然切断,则会造成停产停工的恶果。这些事故的发生,都会给国民经济和人民生命安全带来巨大损失。

2004 年 9 月 23 日 16 时左右,河北邯郸新兴铸管有限责任公司在建电厂燃气锅炉在锅炉点火瞬间,炉膛及排烟系统发生爆炸(见图 1-4),造成锅炉、管道、烟囱等垮塌,设备严重损毁,造成 13 人死亡、8 人受伤,直接经济损失 630 余万元。事故直接原因为:事发当日锅炉点火前,DN400 mm 的焦炉气主切断阀打开后,操作人员检查、校验燃烧器前的 20 个电动闸阀(共分 4 组,每组 5 个 DN65 mm)时间长达 15~20 min。其间,左前 2 号、3 号,左后 3 号电动闸阀处于全开状态,致使大量燃气通过该 3 个电动阀进入并充满炉膛、烟道、烟囱,且达到爆炸极限,16 时左右在点火试运行时引起爆炸。

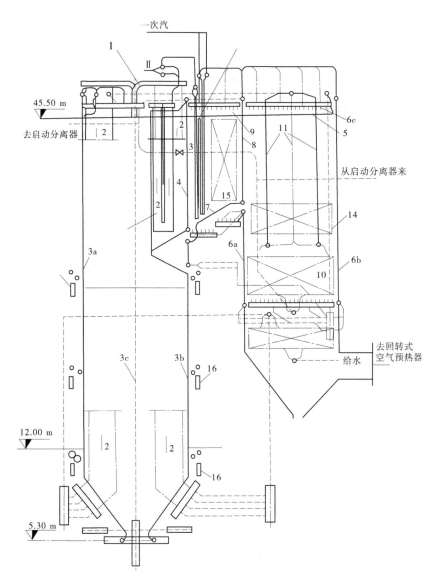

1—省煤器;2—双面水冷壁;3—四周水冷壁;4—第一悬吊管;5—炉顶过热器;6—对流竖井包墙管;
7—水平烟道底部包墙管;8—第二悬吊管;9—水平烟道两侧包墙管;10—低温对流过热器;11—低温对流过热器悬吊管;
12—屏式过热器;13—高温对流过热器;14—低温再热器;15—高温再热器;16—混合器;
Ⅰ—第一级喷水;Ⅱ—第二级喷水;a—前墙;b—后墙;c—侧墙

图 1-3　SG-1000 燃煤直流锅炉(300 MW 发电机组用锅炉)

　　近年来,锅炉爆炸事故时有发生,缺水事故最为常见,而且危害较大。再有就是因水质管理不善而造成的炉管等受热面过热烧损事故。

　　1989 年 1 月 20 日 15 时 50 分,山西省运城地区夏县禹都造纸厂,一台 DZG2-0.69 型锅炉发生爆炸,锅壳爆破,因锅炉严重缺水,爆破能量较小,形成的冲击波力量较弱,未造成人员伤亡。从事故发生后的现场来看,辐射受热面的锅壳大面积鼓包变形,鼓包面积为

图 1-4 邯郸新兴铸管有限责任公司锅炉爆炸事故

1 100 mm×1 500 mm,鼓包高度为 150 mm,锅壳爆破裂缝长度为 620 mm,裂缝最宽处为 32 mm,裂口呈 45°刀刃状,是典型的塑性剪断。绝大多数烟管,因严重缺水过热表面已变成蓝色,左右侧水冷壁管及后部顶棚管色因过热呈蓝色。

这起锅炉事故是因司炉工未认真监视水位,严重缺水后长时间过烧造成的。当班司炉在发现锅壳过热严重变形后,没有采取紧急停炉措施,而偷偷上水,造成沿锅壳纵向中心线的右侧锅壳过热处首先与补充水接触的部位撕开。

锅炉缺水事故是锅炉最常见的事故。严重缺水事故所造成的危害往往是很大的。轻者引起大面积受热面过热变形,胀口渗漏,炉膛顶墙、隔墙塌落损坏,过热蒸汽温度过高损坏汽机等;重者引起爆管,胀管脱落,大量汽水、火焰喷出伤人;最严重的是处理不当而可能造成爆炸事故。严重缺水事故常使锅炉受以极大的损坏,过热变形严重的,很难再修复;过热变形稍轻的,从修复到正常使用往往要很长时间,使用单位常因此而停工停产。

1990 年 1 月 4 日 6 时 20 分,天津市某化工厂,一台 WNL2-1.27 型锅炉发生严重缺水事故,造成炉胆严重烧塌,炉胆上形成两个波峰,前方正视左面下塌最深部分达 110 mm,右面波峰达 36 mm,变形区域面积为 710 mm×610 mm,前方管板及烟管段外露部分表面有致密的朱红色氧化铁。自耐火绝热层以上炉胆表面呈蓝灰色,高温火焰区有烟灰和氧化皮剥落。对炉胆下塌处金属进行金相分析表明:该处金相组织为铁素体加珠光体呈魏氏粗大组织,晶体晶粒粗大,呈拉伸的片状,有粗大针形明亮晶体分布,以铁索体针状拉长方向形成类似正三角形。这种金相表明,钢材长时间滞留温度超过 A3 线(855 ℃)。

事故发生后,经过全面调查和综合分析,确认锅炉由于严重缺水,导致炉胆上部干烧,使壁温上升至 800 ℃以上,远远超过钢材的允许工作温度,机械强度迅速下降,塑性升高。由于炉胆承受外压产生的应力超过了材料的屈服极限,使炉胆压溃凹陷。

锅炉常见的失效模式有磨损、腐蚀、弯曲、变形、裂纹、疲劳、胀粗、过热、爆管、损伤、鼓包、蠕变、泄漏、高温氧化、苛性脆化等,锅炉的承压部件一方面在"锅"侧承受着高温汽水的压力及蒸汽品质的影响,另一方面在"炉"侧承受火焰或高温烟气的加热冲刷,高温导致材料蠕变、氧化,燃料中的灰分、水分及硫分导致锅炉受热面的磨损、腐蚀,所以锅炉主要的失效模式为蠕变、疲劳、腐蚀、磨损、高温氧化等。

1.2.2　压力容器概述

压力容器是现代工业生产和人们生活中不可缺少的一种承压设备,且具有一定的爆炸危险性,广泛应用于石油化工、医药制造、外层空间、海洋科学、能源系统、科学研究、国防军事,以及人们的日常生活等多个领域。通常意义上,压力容器指盛装一定的工作介质,能够承受压力(包括内压和外压)载荷作用的密闭容器。我国现行法规对压力容器的监管范围,包括盛装气体或者液体,承载一定压力的密闭设备,其范围规定为最高工作压力大于或者等于 0.1 MPa(表压)的气体、液化气体和最高工作温度高于或者等于标准沸点的液体、容积大于或者等于 30 L 且内直径(非圆形截面指截面内边界最大几何尺寸)大于或者等于 150 mm 的固定式容器和移动式容器;盛装公称工作压力大于或者等于 0.2 MPa(表压),且压力与容积的乘积大于或者等于 1.0 MPa·L 的气体、液化气体和标准沸点等于或者低于 60 ℃液体的气瓶;氧舱。

由于压力容器是一种承压设备,是在各种介质和环境(有时十分苛刻)条件下工作,所以一旦发生事故,其破坏性往往是非常严重的。为安全生产起见,从 20 世纪 80 年代初国家就制定了有关法规对其进行监管。

1.2.2.1　压力容器的组成

压力容器虽然种类繁多,形式多样,但其基本结构不外乎都是一个密闭的壳体,壳体内部大多数情况下都有内件,有的内件与壳体一样也承受一定压力,此时这些内件与壳体就都属于受压元件,在制造过程中都要严格遵守相关法规、标准的要求。

1. 圆筒形压力容器

常见的压力容器多为圆筒形压力容器,其基本结构主要由以下几大部件组成。

1)筒体

一台容器的筒体通常由用钢板卷焊而成的一个或多个筒节组焊而成,筒体有纵环焊缝。也有些小直径容器筒体,用无缝钢管制成。对于厚壁高压容器的筒体,还经常采用数个锻造筒节通过环缝焊接连接而成,这种容器则称为锻焊结构的压力容器。锻焊结构筒体虽省去了筒节纵缝焊接及钢板卷制、校圆的工序,但由于锻件成本要远比钢板高得多,所以一般只有当筒体壁厚大于一定厚度时,才采用锻焊结构。当然,根据制造方法不同和各厂的制造条件限制,容器筒体还有热套式、多层包扎式和统带式等多种形式,它们都是厚壁筒体的一些特殊制造方式,没有卷制大厚度钢板能力或生产大厚度锻造筒节的厂家,对于某些厚壁压力容器产品,可以采用这些方式来制造筒体,此时只要增加一些必要的工艺装备即可。对于中、薄厚度的筒体基本上还是用钢板卷制焊接而成。

2)封头

根据按几何形状不同,有椭圆形封头、球形封头、碟形封头、锥形封头和平盖等各种形式。封头和筒体组合在一起构成一台容器壳体的主要组成部分,也是最主要的受压元件之一。

从制造方法分,封头有整体成形和分片成形后组焊成一体两种形式。一般来说,当封头直径较大,超出制造厂生产能力时,多采用分片成形方法制造。分片成形封头是由数块封头瓣片和一块极盖板组成,对于这种封头,制造的关键是控制封头瓣片间焊缝的角变形和因多条焊缝横向收缩造成的封头直径尺寸的偏差。对于整体成形的封头尺寸、形状虽较易控制,但一般需要有大型成形冲压模具及压机或大型旋压设备,工艺装备制造费用的增加,使封头制造成本大幅度上升。

从封头成形方式讲,有冷压成形、热压成形和旋压成形等几种。对于壁厚较薄的封头,一般采用冷压成形。采用调质钢板制造的封头或封头瓣片,为不破坏其钢板调质态的力学性能,节省模具制造费用,往往采用多点冷压成形法制造;当封头厚度较大时,均采用热压成形法,即将封头坯料加热至 900~1 000 ℃,使钢板在高温下冲压产生塑性变形而成形,此时对于有些材料(如正火态钢板)由于改变了原始状态的力学性能,为恢复和改善其力学性能,封头冲压成形后还要做正火、正火+回火或淬火+回火等相应的热处理。对于直径大且厚度薄的封头,采用旋压成形法制造是最经济、最合理的选择。

3)接管和法兰

为使容器壳体与外部管线连接或供人进入容器内部,在一台容器上总是有一些大大小小的接管和法兰,这也是容器壳体的主要组成部分。《固定式压力容器安全技术监察规程》(TSG 21—2006)中规定,公称直径大于等于 250 mm 的接管和管法兰都是容器的主要受压元件。接管与壳体间的焊接接头一般为角接接头或 T 形接头,但对于连接二者之间的焊缝,若壳体上开坡口,则称为对接焊缝;壳体上不开坡口,则为角焊缝。对于接管与壳体间的焊缝,由于其结构一般为角接接头或 T 形接头,有时还有补强圈,故除极个别情况外,一般均无法进行焊缝内部的无损检测。正由于此,往往制造厂对于该处焊缝的焊接质量控制不如筒体上要求做内部无损检测的对接焊缝那样重视,于是这里的焊缝内部经常会存在如气孔、夹渣、未焊透、裂纹等各种各样的焊接缺陷。在容器运行承受压力时,此处又是应力集中区,所以往往一台容器就从这里开始发生破坏。

4)密封元件

密封元件是两法兰之间保证容器内部介质不发生泄漏的关键元件。对于不同的工作条件,要求有不同的密封结构和不同材质及形式的密封垫片,在制造时对于密封垫材料和形式不得随意更改。

5)容器内件

在容器壳体内部的所有构件统称为内件。有的内件如换热器中的换热管也是一种受压元件,有的容器内件尺寸要求十分严格,如重整反应器内的约翰逊网,其装配间隙不得超过 0.8 mm。对于塔内的塔盘和塔板,其不平度都有一定要求,所以笼统地认为内件不是承压件,制造质量无关大局,不会影响设备的安全使用,这种观点是极其错误的。

6)容器支座

压力容器是通过支座支承设备本身自重加上介质的质量,还要承受风载地震载荷给容器造成的弯曲力矩载荷,是容器的主要受力元件之一。支座的形式有多种,对于立式容器常见的有圆筒形支座、裙式支座、悬挂式支座等;卧式容器主要采用鞍式支座和悬挂式支座;球形容器大多采用柱式支座等。为了保证其受力安全性,往往对支座中的对接焊缝要进行局部甚至全部的射线检测或超声检测。

卧式压力容器的基本结构比较简单,主要由筒体、封头、法兰、支座及接管座等部件构成,图 1-5 为一卧式储存压力容器基本结构示意,当然,实际压力容器比它要复杂得多,组成部件也要多得多。

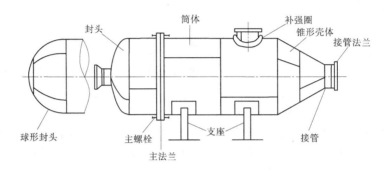

图 1-5　卧式储存压力容器基本结构示意

2. 换热器

常见的换热器有管壳式、盘管式、螺旋板式和波纹板式等。其中以管壳式用得最多。

管壳式换热容器的介质通常有两种流体通道、介质流经换热管内的通道及其相贯通部分称为管程,而介质流经换热管外的通道及其相贯通部分称为壳程。

常见管壳式换热器有固定管板式换热器(见图 1-6)、浮头式换热器(见图 1-7)、U 形管式换热器(见图 1-8)、填料函式换热器、釜式换热器等。

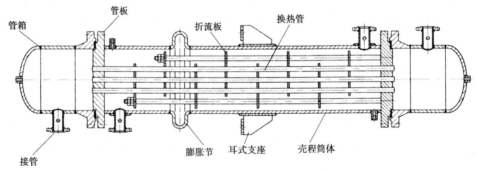

图 1-6　固定管板式换热器

1)壳程筒体

壳程筒体一般为圆筒形,既是换热管束布置空间,也是一种换热介质流动的腔体。筒体两侧与固定管板连接,但对釜头式或活动管板式换热容器,两侧则与壳体法兰连接。

2)管箱

管箱一般由管程筒体、封头(或平端盖)、管箱、法兰组成。管箱与壳体的连接用管板或设备法兰连接。

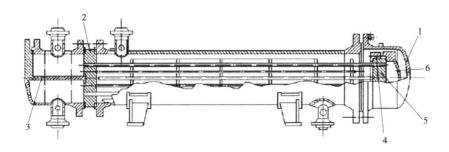

1—壳盖;2—固定管板;3—隔板;4—浮头钩圈法兰;5—浮动管板;6—斧头盖

图1-7 浮头式换热器

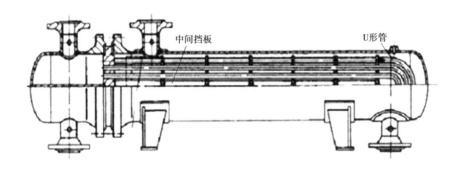

图1-8 U形管式换热器

3) 管板

管板是换热容器中受力最复杂的零件,其主要作用为连接换热管束,也可兼作壳体法兰或不兼壳体法兰。管板和换热管的连接可以是焊接、胀接或先胀后焊。

4) 封头(平端盖)

管箱一般常带封头。封头一般为椭圆形封头、锥形封头或平端盖。对U形管换热器、壳程筒体一侧也带封头。

5) 主法兰

主法兰称设备法兰,一般指壳体法兰和管箱法兰。

6) 主螺栓

主螺栓是连接壳体法兰(或管板)和管箱法兰的螺栓。

7) 密封件

壳体法兰(或管板)和管箱之间用密封垫片作为密封件。函式换热器则用填料函结构来密封。

8) 换热管

主要换热管常见的有列管、U形管、刺刀管等形式。

9) 膨胀节

膨胀节用在外壳上以补偿壳体与换热管胀缩不同而引起的应力。根据筒体的长度和管壳温差,来决定所需膨胀节的形式和数量。

10）接管

换热器接管主要包括换热介质进出口接管和放气口、排液口及仪表管等。

3. 球形容器的结构

球形容器本体是一个球壳。从壳体受力情况看，最适宜的形状就是球形。在相同压力下，球形壳体所受压力最小。在相同容积下，表面积最小。若选用同样材料，表面积小，壁厚薄，则最省材料，但制造比较困难，因此一般只用来做大型储存容器。

球壳结构分桔瓣式和混合式。常见的有三带、四带、五带等不同结构的球罐（见图 1-9）。

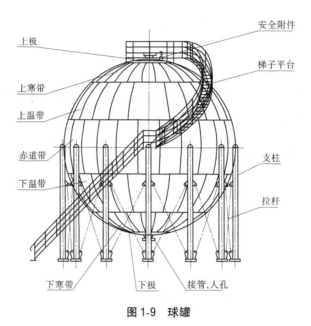

图 1-9　球罐

1）球壳板

球壳各带及上下两板均由多块球壳板组成。球壳板也称瓣片。球壳板采用热压或冷压成型先预制成球瓣，然后在现场组焊成球罐。

2）支柱

球壳与支柱的连接一般为赤道正切形式（见图 1-10）。用钢管制作的支柱，沿赤道等距离布置，并正切于球形容器的赤道。连接处一般采用支柱翻边结构或加托板的结构。支柱之间由拉杆相连。拉杆可分为可调式和固定式两种。

1.2.2.2　压力容器分类

压力容器的分类方法有多种。归结起来，常用的分类方法有如下几种。

1. 按制造方法分

按制造方法不同，压力容器可分为焊接容器、铆接容器、铸造容器、锻造容器、热套容器、多层包扎容器和绕带容器等。

2. 按承压方式分

按承压方式的不同，压力容器可分为内压容器和外压容器。

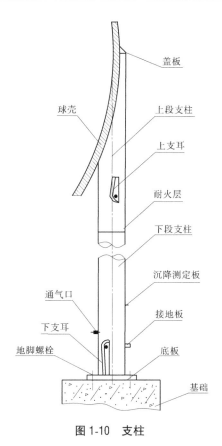

盖板

球壳

上段支柱

上支耳

耐火层

下段支柱

沉降测定板

通气口

接地板

下支耳

地脚螺栓

底板

基础

图 1-10　支柱

3. 按生产装置中(化工)工艺单元过程分

按生产装置中(化工)工艺单元过程分为以下类别:

(1)非均相(液固、气固)分离:过滤器、分离器、洗涤器。

(2)搅拌与混合:搅拌器、混合器。

(3)制冷与深度冷冻:蒸发器、冷凝器、过冷器。

(4)热量传递:换热器、再沸器、冷凝器、空冷器。

(5)蒸发:蒸发器。

(6)结晶:结晶器。

(7)蒸馏:各种形式的分馏塔、精馏塔。

(8)吸收与解吸:吸收塔、解吸塔。

(9)萃取:萃取塔。

(10)吸附:吸附器。

(11)气液传质:各种形式的塔式容器。

(12)干燥:各种形式的干燥器,如气流、流化床、转筒等。

(13)化学反应:搅拌釜、固定床、流化床。

(14)储存:各种形式的储罐、储槽,如卧式、立式、球形等。

4.按生产过程中的作用原理分

为便于对压力容器的安全进行监察管理,《固定式压力容器安全技术监察规程》(TSG 21—2006)的附件 A 按压力容器在生产过程中的作用原理划分为反应压力容器、换热压力容器、分离压力容器、储存压力容器。具体划分如下:

(1)反应压力容器(代号 R):主要是用于完成介质的物理、化学反应的压力容器,例如各种反应器、反应釜、聚合釜、合成塔、变换炉、煤气发生炉等。

(2)换热压力容器(代号 E):主要是用于完成介质的热量交换的压力容器,例如各种热交换器、冷却器、冷凝器、蒸发器等。

(3)分离压力容器(代号 S):主要是用于完成介质的流体压力平衡缓冲和气体净化分离的压力容器,例如各种分离器、过滤器、集油器、洗涤器、吸收塔、铜洗塔、干燥塔、汽提塔、分汽缸、除氧器等。

(4)储存压力容器(代号 C,其中球罐代号 B):主要是用于储存或者盛装气体、液体、液化气体等介质的压力容器,例如各种形式的储罐。

在一种压力容器中,如同时具备两个以上的工艺作用原理,应当按照工艺过程中的主要作用来划分。

5.按压力容器的设计压力(p)分

(1)低压(代号 L):0.1 MPa≤p<1.6 MPa。

(2)中压(代号 M):1.6 MPa≤p<10.0 MPa。

(3)高压(代号 H):10.0 MPa≤p<100.0 MPa。

(4)超高压(代号 U):p≥100.0 MPa。

6.按压力容器危险程度分

《固定式压力容器安全技术监察规程》(TSG 21—2006)将其适用范围内的压力容器根据介质危害性、设计压力 p 和容积 V,将压力容器划分为 Ⅰ、Ⅱ、Ⅲ类。

压力容器的介质分为以下两组:

(1)第一组介质,毒性危害程度为极度、高度危害的化学介质,易爆介质,液化气体。

(2)第二组介质,除第一组以外的介质。

介质危害性是指压力容器在生产过程中因事故致使介质与人体大量接触,发生爆炸或者因经常泄漏引起职业性慢性危害的严重程度,用介质毒性危害程度和爆炸危险程度表示。

综合考虑急性毒性、最高容许浓度和职业性慢性危害等因素,极度危害介质最高容许浓度小于 0.1 mg/m³;高度危害介质最高容许浓度 0.1~1.0 mg/m³;中度危害介质最高容许浓度 1.0~10.0 mg/m³;轻度危害介质最高容许浓度大于或者等于 10.0 mg/m³。

易爆介质是指气体或者液体的蒸气、薄雾与空气混合形成的爆炸混合物,并且其爆炸下限小于 10%,或者爆炸上限和爆炸下限的差值大于或者等于 20%的介质。

介质毒性危害程度和爆炸危险程度按照《压力容器中化学介质毒性危害和爆炸危险程度分类》(HG 20660—2000)确定。HG 20660—2000 没有规定的,由压力容器设计单位参照《职业性接触毒物危害程度分级》(GBZ 230—2010)的原则,确定介质组别。

压力容器的分类应当根据介质特性,按照以下要求选择分类图,再根据设计压力 p

(单位:MPa)和容积 V(单位:m^3),标出坐标点,确定压力容器类别。

(1)第一组介质,压力容器分类见图 1-11。

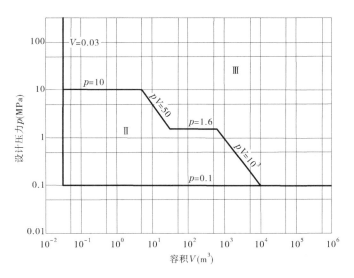

图 1-11 压力容器分类图——第一组介质

(2)第二组介质,压力容器分类见图 1-12。

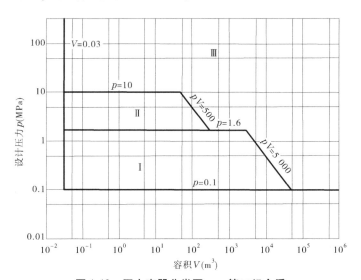

图 1-12 压力容器分类图——第二组介质

当坐标点位于此二图中的分类线上时,按照较高类别划分。

7. 其他分类方法

(1)按制造材料分为钢制容器、铝制容器、有色金属容器、非金属容器等。

(2)按壁厚分为薄壁容器和厚壁容器两种($K=D_w/D_n \leqslant 1.1 \sim 1.2$ 者为薄壁容器,超过这个范围者为厚壁容器。D_w 为容器外径,D_n 为容器内径)。

(3)按壁温分为高温容器($t \geqslant 450$ ℃)、常温容器(-20 ℃ $<t<450$ ℃)、低温容

器($t \leqslant -20$ ℃)。

（4）按形状分为球形容器、圆筒形容器、圆锥形容器、矩形容器和组合形容器。

（5）按容器主轴线方向分为立式、卧式。

（6）按使用方式分为固定式容器和移动式容器。移动式容器一般包括铁路罐车、汽车罐车、罐式集装箱等。

1.2.2.3　压力容器的工作特点及失效模式

压力容器广泛地应用于国民经济的各个领域,随着科学技术的发展,在各应用领域内,承压设备在日趋大型化的同时,其工作条件也越来越趋苛刻,如从深冷到高温(包括直接受火),从高真空到高压、超高压,各种各样腐蚀条件等。压力容器的工作条件主要是压力、温度和介质,这些条件不但在设备结构、材料、设计技术方面,而且在制造技术和使用管理方面都提出了更加苛刻的、同时也应该是更加安全可靠的要求。

1. 压力

容器内介质的压力是压力容器在工作时所承受的主要外力。

表压力:压力容器中的压力是用压力表测量的,压力表上所表示的压力为表压力,实际上是容器内介质压力超过环境大气压力的压力差值。

工作压力:是指在正常工作情况下,容器顶部可能产生的最高工作压力(指表压)。它不包括液体静压力。

设计压力:设定的容器顶部的最高压力,与相应的设计温度一起作为容器的基本设计载荷条件,其值不低于工作压力。

2. 温度

容器的设计温度是指在正常工作情况下,设定的元件的金属温度(沿元件金属截面的温度平均值)。设计温度与设计压力一起作为设计载荷条件。

压力容器的设计温度并不一定是其内部介质可能达到的温度。由于容器材料的选用与设计温度有关,容器设计温度是指壳体的设计温度,所以设计温度是压力容器材料选用的主要依据之一。

3. 介质

压力容器在生产工艺过程中所涉及的工艺介质品种繁多复杂。其使用安全性与内部盛装的介质密切相关。人们关心的主要是它们的易燃、易爆、毒性程度和对材料的腐蚀等性质,比如说光气,只要发生一点点泄漏,就有可能致命。所以,在压力容器制造中,从使用安全性出发,应将容器内部介质状况作为重点考虑因素之一。

（1）介质的危害性:在石油、化工、天然气的工业生产装置中,参与过程的绝大部分是易燃、易爆、有毒或有腐蚀性的物质,同时这些物质的状态在工艺过程中受温度、压力的控制不断变化。因此,不论从整个工艺装置的设计上,还是每台容器、设备的制造质量上,任何一个环节上的疏忽都会酿成恶性安全事故,给人民生命和国家财产造成重大损失。

（2）介质的腐蚀性:即同一种材料在不同介质中,或不同材料在同一介质中,即使是同一种材料、同一种介质在不同内部、外部条件下(如材料金相组织、承载应力、介质浓度、温度、压力条件等)都会表现出不同的腐蚀规律。

例如:碳钢在稀硫酸中极不耐腐蚀,但在浓硫酸中却很稳定;铅耐稀硫酸,但不能在浓硫酸中使用;不锈钢在中、低浓度的硝酸中耐蚀,但不耐浓硝酸的腐蚀;碳钢在稀硫酸中是均匀腐蚀,奥氏体不锈钢在氯化物的水溶液中会由于应力腐蚀而产生破裂;常见的腐蚀有均匀腐蚀、点蚀、晶间腐蚀、应力腐蚀、高温氧化及氢脆等。

4. 其他载荷条件

承压设备在其使用操作过程中,除在内部承受介质压力、温度载荷外,不可避免地还要承受外界风载荷或地震作用载荷。对于某些特定操作条件的设备,有可能是在循环载荷作用下运行的,同时还可能承受热应力循环作用,这就要求在设计中要考虑设备的疲劳寿命分析,结构上要尽可能避免应力集中,做到圆滑过渡。在设备制造中,要求焊缝完全焊透、减小余高、严格无损检测质量要求等,以确保设备安全运行。另外,承压设备不可避免地还要承受来自其他方面的各种载荷作用,都应予以适当考虑。

例如:设备及其内件、附件自重;设备内盛装的物料质量,试验状态下的液体质量;来自支承、连接管道及相邻设备的作用载荷;设备运输、安装、维修时可能承受的作用载荷。

5. 失效模式

我国工业产业在发展过程中,因为材料生产、设备制造等技术体系缺乏完善性,造成压力容器在长期运行期间存在不同程度的缺陷与不足。另外,当下制造企业经济实力参差不齐,为减少运营成本,企业通常不会重视新技术的引进与应用,以致压力容器现存的质量缺陷难以及时解除,变形、断裂等问题频频发生。结合失效过程的特征,可将压力容器失效模式分为物理失效、化学失效两个类型,但是若对失效现象发生所具备的特征进行分析,一般会把失效模式分为变形、磨损、断裂、腐蚀及泄漏五种类型。以上五种失效模式为压力容器失效模式的基本类型,结合各自失效过程特征,又能对其做出进一步细分。①变形失效模式,即压力容器在使用过程中受物理作用、化学作用等影响其局部形态或整体形态发生改变。依据压力容器变形程度,变形失效模式又可分为弹性变形、塑性变形、蠕变变形等失效模式。例如,压力容器超载,其截面材料会进入屈服状态产生变形并出现塑性破损问题,将其称为压力容器的塑性变形。②磨损失效模式,即压力容器在使用过程中,受自身因素、外界因素的影响,其表面形状、尺寸、组织及性能发生变化,导致功能、性能或应用效果降低或消失。依据压力容器磨损原因,磨损失效模式又可分为腐蚀磨损失效模式、磨粒磨损失效模式、疲劳磨损失效模式等。③断裂失效模式,即压力容器在使用过程中其构件物理性能或材料物理性能发生改变,出现断裂问题。依据压力容器形成断裂的应力原因,断裂失效模式又可细分为环境断裂失效模式(包括应力腐蚀、高温蠕变、氢损坏等)与疲劳断裂失效模式(包括机械疲劳、腐蚀疲劳、振动疲劳、高温疲劳等)等。④腐蚀失效模式,即压力容器受一定因素影响,其局部或整体存在的腐蚀破损现象。较为常见的腐蚀失效模式有电化学腐蚀、化学腐蚀、均匀腐蚀、缝隙腐蚀、晶间腐蚀等表现形式。⑤泄漏失效模式,即压力容器在长期使用过程中,局部或整体出现损伤,形成裂缝或断裂问题,产生泄漏。

1998 年 3 月 5 日 18 时 40 分许,西安煤气公司液化石油气管理所煤气储罐发生泄漏爆炸(见图 1-13),10 余 min 后发生第二次爆炸,19 时 12 分和 20 时 1 分许又先后发生两次猛烈爆炸,两次形成时长 10 余 s 的火柱"蘑菇云",高达 150~200 m。爆炸事故造成 11 人死亡(消防人员 7 人,4 名气站工作人员)、1 人失踪、34 人受伤,经济损失巨大。事故发

(a)

(b)

(c)

图 1-13　西安煤气公司液化石油气管理所煤气储罐爆炸事故

生后经过调查组的调查分析,确认液化气泄漏原因是排污阀上法兰密封垫片由于长期运行导致的受力不均匀。

1992 年 6 月 27 日 15 时 20 分,通辽市油脂化工厂癸二酸车间两台正在运行的蓖麻油水解釜突然发生爆炸,设备完全炸毁,癸二酸车间厂房东侧被炸倒塌,距该车间北侧 6 m 多远的动力站房东侧也被炸毁倒塌,与癸二酸车间厂房东侧相隔 18 m 的新建药用甘油车间西墙被震裂,玻璃全部被震碎,钢窗大部分损坏,个别墙体被飞出物击穿,癸二酸车间因爆炸局部着火。这次事故共死亡 8 人、重伤 4 人、轻伤 13 人,直接经济损失 360 000 余元。这起爆炸事故的原因,是由于水解釜内介质在加压和较高温度下,对釜壁的腐蚀及介质对釜内壁的冲刷和磨损造成釜体壁厚迅速减薄,使水解釜不能承受工作压力,从而发生了物理性爆炸,由于每台水解釜的容积达 10 余 m³,因而爆炸后释放出的能量具有较大的破坏力。

1.2.3 压力管道概述

压力管道是生产、生活中广泛使用的可能引起燃爆或中毒等危险性较大的管状特种设备,由管道组成件、管道支承件组成,用于输送、分配、混合、分离、排放、计量、控制或截止流体流动。

2014 年 10 月 30 日,国家质检总局发布的《质检总局关于修订〈特种设备目录〉的公告(2014 年第 114 号)》所附特种设备目录中将压力管道定义为:压力管道,是指利用一定的压力,用于输送气体或者液体的管状设备,其范围规定为最高工作压力大于或者等于 0.1 MPa(表压),介质为气体、液化气体、蒸汽或者可燃、易爆、有毒、有腐蚀性、最高工作温度高于或者等于标准沸点的液体,且公称直径大于或者等于 50 mm 的管道。公称直径小于 150 mm,且其最高工作压力小于 1.6 MPa(表压)的输送无毒、不可燃、无腐蚀性气体的管道和设备本体所属管道除外。其中,石油天然气管道的安全监督管理还应按照我国《安全生产法》、《石油天然气管道保护法》等法律、法规实施。

新目录的压力管道定义中"公称直径小于 150 mm,且其最高工作压力小于 1.6 MPa(表压)的输送无毒、不可燃、无腐蚀性气体的管道"所指的无毒、不可燃、无腐蚀性气体,不包括液化气体、蒸汽和氧气。

1.2.3.1 压力管道的组成

压力管道是由压力管道组成件和支承件组成,是用以输送、分配、混合、分离、排放、计量、控制或制止流体流动的管子、管件、法兰、螺栓连接、垫片、阀门和其他组成件或受件的装配总成。

管道组成件是指用于连接或装配管道的元件。它包括管子、管件、法兰、垫片、紧固件、阀门,以及膨胀接头、挠性接头、耐压软管、疏水器、过滤器和分离器等。

管道支承件是指固定件和结构附件。其中,固定件是指将负荷从管子或管道附着传递到支承结构或设备上的元件。它包括悬挂式固定件,如吊杆、弹簧吊架、斜拉杆、平衡锤、松紧螺栓、支撑杆、链条、导轨和固定架,以及承载式固定件,如鞍座、底座、滚柱、托座和滑动支座等。结构附件是指用焊接、螺栓连接或夹紧方法附装在管道上的元件,如吊耳、管吊、卡环、管夹、U 形夹和夹板等。

1. 长输管道系统的总体结构

压力管道输送系统由油气田、处理厂、长输系统、销售终端四个部分组成,从油气田的井口装置开始,经矿场集输、净化、干线输送,直到通过配给管网送到用户,形成了一个统一的、密闭的输送系统。

在压力管道输送系统中包含的管道按其输送距离和经营方式及输送目的一般分为以下三种:

(1)油气田内部管理的矿场管道,通常称为集输管道。

(2)隶属某管道输送公司的干线输油(气)管道,通常称为长输管道。

(3)燃气公司或成品油公司投资建设并经营管理的城市压力管道,通常称为城市输配管网。

长输系统是压力管道输送系统的重要组成部分之一,全称为长距离输油(气)管道输配系统,从矿场附近的首站开始,到终点配给站为止,管径大、压力高,距离可达数千千米,年运输量巨大。

长输管道作为主要的油气输送方式,其特点是运输量大,管道大部分埋设于地下,占地少、受地形地物的限制少,可以缩短运输距离,密闭安全,能够长期连续稳定运行。

长输管线的管材一般为钢管,采用焊接和法兰等连接方式组成长距离输送管道,通常线路距离长,跨度大,管道进行了防腐处理。现代化管道运输系统自动化程度很高,劳动生产率高;能耗少,运费低,管线本体内部还可内涂防腐材料以减少输送的油品本身对管线的腐蚀和提高管线的光滑度以加大运输量。每隔一定的距离或跨越大型障碍物时,管线都设有阀门,用以发生事故时阻断物料,防止事故的扩大及方便维修设备。

长输管道防腐的措施主要有外部覆盖层防腐、内涂层、阴极保护等方式。管道外部覆盖层,亦称防腐绝缘层。将防腐层材料均匀致密地涂覆在经过除锈的管道外表面,使其与腐蚀介质隔离,达到管道外防腐的目的。对管道防腐层的基本要求是:与金属有良好的黏结性;电绝缘性能好;防水及化学稳定性好;有足够的机械强度和韧性;耐热和抗低温脆性;耐阴极剥离性能好;抗微生物腐蚀;破损后易于修复,并要求价廉和便于施工。常用防腐层包括沥青类防腐层和合成树脂类防腐层两大类,其中沥青类防腐层分为石油沥青、天然沥青和煤焦油沥青等;合成树脂类防腐层主要有聚烯烃胶粘带、熔接环氧粉末、挤出聚乙烯、三层 PE 复合结构等。常用内涂层涂料主要采用环氧型、环氧酚醛型、聚氨酯和漆酚型主要基料。常用的实现阴极保护方法有牺牲阳极法和强制电流法。

2. 公用管道

公用管道输配系统含城镇燃气管道输配系统和城镇供热系统。

1)城镇燃气管道输配系统

现代化的城镇燃气管道输配系统是复杂的综合设施,主要由下列几部分构成:

(1)低压、中压、次高压及高压等不同压力的燃气管网。

(2)门站、储配站。

(3)分配站、压送站、调压计量站、区域调压站。

(4)信息与电子计算机中心。

门站的作用是:接收天然气长输管道来气,并根据需要进行净化、调压、计量、加臭及向城镇燃气输配管网或储配站输送商品燃气。

储配站的主要作用是：接收由气源或门站供应的燃气，并根据需要进行净化、储存、加压、调压计量、加臭后向城镇燃气输配系统输送商品燃气。通常门站与储配站建设在一起，可以节约投资、节省占地、便于运行管理。门站、储配站一般由储气罐、加压机房、调压计量间、加臭间、变电室、配电间、控制室、水泵房、消防水池、锅炉房、工具库、油料库、储藏室及生产和生活辅助设施等组成。

城镇燃气门站和储配站总平面布置应符合下列要求：

（1）总平面应分区布置，即分为生产区（包括储罐区、调压计量区、加压区等）和辅助区。

（2）站内的各建构筑物之间及与站外建构筑物之间的防火间距应符合现行《建筑设计防火规范》（GB 50016）的有关规定。站内建筑物的耐火等级不应低于现行《建筑设计防火规范》（GB 50016）二级的相关规定。

（3）储配站生产区应设置环形消防车通道，消防车通道宽度不应小于3.5 m。

（4）门站、储配站罐区一般布置在站的出入口的另一侧，储气罐以设在加压机房北侧为宜。

（5）罐区宜设在站区全年最小频率风向的上风侧，锅炉房应设在罐区的下风向。

（6）罐区周围应有消防通道。

（7）罐区的布置应留有增建储气罐的可能，并应与规划等部门商定预留罐区的后续征地地带。

调压装置的作用：为了对城镇燃气输配管网中的燃气进行压力调节与控制，需设置燃气调压装置。其作用就是将高压燃气降到所需的压力，并使其出口压力保持不变。调压装置中调压器是其主要设备。

2）城镇供热系统

城市供热有分散和集中两种类型。集中供热系统是指一个或多个集中的热源通过供热管网向多个热用户供应热能的系统，它主要由热源、热网和热用户组成。其中，热源是指将天然或人造的能源形态转化为符合供热要求的热能装置。热网是指由热源向热用户输送和分配供热介质的管线系统，热用户是指从热源获得热能的用热装置。

城镇供热管道敷设方式分为地上敷设和地下敷设两种方式。地上敷设又分为低、中、高支架敷设，地下敷设又分为直埋敷设和管沟敷设。

选择敷设方式的原则：城市街道上和居住区内的热力网管道宜采用地下敷设。地下敷设困难时，可采用地上敷设，但应注意美观。厂区的热力网管道，宜采用地上敷设。热力网管道地下敷设时，应优先采用直埋敷设；采用管沟敷设时，应首选不通行管沟敷设；穿越不允许开挖检修的地段时，应采用通行管沟敷设；当采用通行管沟困难时，可采用半通行管沟敷设。

热力管道的材料及连接方式：

（1）城市热力网管道的选材：应采用无缝钢管、电弧焊或高频焊焊接钢管。管道和钢材的规格及质量应符合国家相关标准的规定。热力网凝结水管道宜采用具有防腐内衬、内防腐涂层的钢管或非金属管道。非金属管道的承压能力和耐温性能应满足设计技术要求。

（2）管道连接方式：一般有焊接、法兰连接和螺纹连接。热力网管道的连接应采用焊接。有条件时，管道与设备、阀门等连接也应采用焊接；当需要拆卸时，采用法兰连接。对公称直径≤25 mm的放气阀，可采用螺纹连接，但连接放气阀的管道应采用厚壁管。

城市热力网管道的附属设施：

（1）城市热力网管道附件：包括弯头、异径管、三通、法兰、阀门及放气、放水装置等。

（2）城市热力网管道阀门设置：热力网管道的干线、支干线、支线的起点应安装关断阀门。热水热力网干线应装设分段阀门。分段阀门的间距宜为：输送干线2 000~3 000 m，输配干线1 000~1 500 m。蒸汽热力网可不安装分段阀门。多热源供热系统热源间的连通干线、环状管网环线的分段阀应采用双向密封阀门。工作压力≥1.6 MPa且公称直径≥500 mm的管道上的闸阀应安装旁通阀。旁通阀的直径可按阀门直径的1/10选用。公称直径2 500 mm的阀门，宜采用电动驱动装置。由监控系统远程操作的阀门，其旁通阀亦应采用电动驱动装置。

（3）放气、放水装置的设置：热水、凝结水管道的高点（包括分段阀门划分的每个管段的高点）应安装放气装置，低点（包括分段阀门划分的每个管段的低点）应安装放水装置。

（4）城市热力网管道的检查室设置应满足相关规定，即：①净空高度不应小于1.8 m。②人行通道宽度不应小于0.6 m。③干管保温结构表面与检查室地面距离不应小于0.6 m。④检查室内至少应设1个集水坑。⑤检查室地面应低于管沟内底不小于0.3 m。

（5）弯头、三通、法兰、变径管的选择：均应选用标准件，弯头的壁厚不应小于管道壁厚。焊接弯头应双面焊接。变径管制作应采用压制或钢板卷制，壁厚不应小于管道壁厚。钢管焊制三通，支管开孔应进行补强。对于承受干管轴向荷载较大的直埋敷设管道，应考虑三干管的轴向补强，其技术要求按现行《城镇供热直埋热水管道技术规程》（CCJ/T 81）的相关规定执行。

3. 工业管道

（1）工业管道系统的基本组成。

工业管道系统一般由管道元件、管道元件间的连接接头、管道与设备或者装置连接的第一道连接接头（焊缝、法兰、密封件及紧固件等）、管道与非受压元件的连接接头及管道所用的安全阀、爆破片装置、阻火器及紧急切断装置等安全保护装置组成。

（2）管道支承件。

工业管道系统支承件一般由吊杆、弹簧支吊架、斜拉杆、平衡锤、支撑杆、导轨、链条、滑动支座、底座、松紧螺栓、卡环及管夹等组成。

1.2.3.2　压力管道的分类

1. 按照主体材料分

（1）金属管道。

（2）非金属管道。

2. 按照敷设方式分

（1）架空管道。

（2）埋地管道。

（3）地沟敷设。

3. 按照介质压力分

（1）低压管道：0.1 MPa≤p≤1.6 MPa。

（2）中压管道：1.6 MPa<p≤10 MPa。

（3）高压管道：10 MPa<p≤100 MPa。

（4）超高压管道：p>100 MPa。

4. 按照介质温度分

（1）低温管道：小于-20 ℃。

（2）常温管道：-20~370 ℃。

（3）高温管道：大于 370 ℃。

5. 按照介质毒性分

（1）无毒管道。

（2）有毒管道。

（3）剧毒管道。

6. 按照介质燃烧特性分

（1）可燃介质管道。

（2）非可燃介质管道。

7. 安全监督管理的分类

1）长输管道

长输管道为 GA 类，划分为：

GA1 级：①设计压力大于或者等于 4.0 MPa 的长输输气管道。②设计压力大于等于 6.3 MPa 的长输输油管道。

GA2 级：GA1 级以外的长输管道。

2）公用管道

公用管道为 GB 类，划分为 GB1 级燃气管道和 GB2 级热力管道。

3）工业管道

工业管道为 GC 类，划分为 GC1 级、GC2 级、GCD 级。

（1）GC1 级。

符合下列条件之一的工业管道为 GC1 级：

①输送《危险化学品目录》中规定的毒性程度为急性毒性类别 1 介质、急性毒性类别 2 气体介质和工作温度高于其标准沸点的急性毒性类别 2 液体介质的工艺管道。

②输送现行《石油化工企业设计防火标准》（GB 50160）、《建筑设计防火规范》（GB 50016）中规定的火灾危险性为甲、乙类可燃气体或者甲类可燃液体（包括液化烃），并且设计压力大于或者等于 4.0 MPa 的工艺管道。

③输送流体介质并且设计压力大于或者等于 10.0 MPa，或者设计压力大于或者等于 4.0 MPa 且设计温度高于或者等于 400 ℃ 的工艺管道。

（2）GC2 级。

①GC1 级以外的工艺管道。

②制冷管道。

（3）GCD 级。动力管道为 GCD 级。

1.2.3.3　压力管道的工作特点及失效模式

随着石油、化工、冶金、电力、机械等行业的飞速发展，压力管道被广泛用于这些行业生产及城市燃气和供热系统等公众生活之中，且占据着越来越重要的地位。

作为五大运输方式之一的管道运输，在世界已有 100 多年的历史，至今发达国家的原油管输量占其总输量的 80%。在现代工业生产和城市建设中的各个领域，几乎一切流体在其生产、加工、运输及使用过程中都使用压力管道运输系统。压力管道工程日益复杂，正朝着大型化、整体化和自动化方向发展。

近年来，随着国家能源及环保政策的调整，在节能减排大政方针的指引下，"集中供热""热电联产""三联供"等政策大力推广，集中供热蒸汽管道的市场需求愈来愈大，铺设和使用越来越迅猛，但有关蒸汽管道的安全事故也越来越频繁。

1. 工作特点

压力管道具有数量多、分布广、系统性等特点，遍布于石油、化工、电力、热能、化肥、冶金农药、食品、医药等行业，大部分压力管道使用条件复杂，常常输送易燃、易爆、高温、高压、腐蚀性等介质。压力管道长径比很大，极易失稳，受力情况比压力容器更复杂，压力管道内流体流动状态复杂，缓冲余地小，工作条件变化频率比压力容器高（如高温、高压、低温、低压、位移变形、风、雪、地震等都可能影响压力管道受力情况），由于历史、技术、管理上的原因，现行压力管道在设计、制造、安装及运行管理中存在各类损伤问题，管道发生失效甚至发生破坏性事故时有发生。

压力管道所受应力主要来源于管道内、外部环境作用，考虑的主要载荷包括：内压、外压压差或重力载荷（管道组成件、隔热材料及由管道支撑的其他重力载荷、流体质量及寒冷地区的冰、雪质量）、动力载荷（风载荷，地震载荷，流体流动导致的冲击、压力波动和闪蒸等，由机械、风或流体流动引起的振动，流体排放反力）、温差载荷（温度变化时因管道约束产生的载荷）、端点位移引起的载荷。

2. 失效模式

压力管道发生故障导致失效或事故，实质是管道应力和管道材料性能的关系，当管道某处所受应力高于材料所承受的极限，在该处存在材料损伤发生故障，进而管道发生损伤破坏。因此，压力管道的失效分析可以从材料性能和应力状态两方面考虑。

压力管道失效是指管道损伤积累到一定程度，管道功能不能发挥其设计规定或强度、刚度不能满足使用要求的状态。

压力管道常常按照损伤发生的原因、产生的后果、失效时宏观变形量和失效时材料的微观断裂机制进行分类。

1）按发生失效产生的后果或现象分类

按发生失效产生的后果或现象可分为泄漏、爆炸、失稳、变形。

（1）泄漏：压力管道由于管道裂纹或爆管、腐蚀变薄穿孔、法兰及阀门密封而失效等各种原因造成的介质流溢成为泄漏。泄漏常常引起火灾、爆炸、中毒、伤亡、污染等严重事故的发生。

2004 年 5 月 29 日 19 时 45 分,四川省泸州市纳溪区安富镇丙灵路 15 号居民楼底层泸州天然气公司安富管理所发生一起压力管道爆炸重大事故,造成 5 人死亡、35 人轻伤。事故主要原因是:直径为 108 mm 的天然气管线上有一椭圆形管孔,天然气由此发生泄漏,进入居民楼负一楼与道路护坡形成的夹缝,与空气形成爆炸性混合气体,从人行道的盖板缝隙扩散到人行道上,遇不明火种引起爆炸。

(2)爆炸:爆炸是指在较短时间和较小空间内,能量从一种形式向另外一种或几种形式转化并伴有强烈机械效应的过程,也是一种极为迅速的物理或化学的能量释放过程。压力管道输送介质常常具有易燃易爆特性,输送介质受环境影响,或超温、超压工况下,发生爆炸事故,产生巨大的破坏作用。

2013 年 11 月 22 日凌晨 3 点,青岛经济开发区(黄岛区)发生输油管泄漏爆燃事故(见图 1-14)。截至当日 16 时,青岛原油泄漏爆燃事故住院伤员 145 人,其中危重 10 人,重症 32 人,轻症 103 人。事故直接原因是输油管道与排水暗渠交会处管道腐蚀减薄、管道破裂、原油泄漏,流入排水暗渠及反冲到路面。原油泄漏后,现场处置人员采用液压破碎锤在暗渠盖板上打孔破碎,产生撞击火花,引发暗渠内油气爆炸。

图 1-14 青岛经济开发区输油管泄漏爆燃事故

2010 年 7 月 16 日,位于辽宁省大连市保税区的大连中石油国际储运有限公司原油库输油管道发生爆炸(见图 1-15),引发大火并造成大量原油泄漏,导致部分原油、管道和设备烧损,另有部分泄漏原油流入附近海域造成污染。事故造成作业人员 1 人轻伤、1 人失踪;在灭火过程中,消防战士 1 人牺牲、1 人重伤。事故直接原因是:违规在原油库输油管道上进行加注"脱硫化氢剂"作业,造成"脱硫化氢剂"在输油管道内局部富集,发生强氧化反应,导致输油管道发生爆炸,引发火灾和原油泄漏。

(3)失稳:失稳就是稳定性失效,丧失保持稳定平衡的能力。压力管道常常因为地质灾害、沉降、变形导致稳定性下降,无法满足安全生产需求的一种失效形式。压力管道是一个系统,相互关系、相互影响,长径比很大,受力情况比压力容器更复杂,以及易失稳。管道失稳主要由压应力导致,主要出现在大直径薄壁管道,深水环境中的厚壁管也可能出现失稳。

(4)变形:压力管道由于不合理或错误的设计、安装,热应力导致管道在某些位置产生很大反力和反力矩、管系振动导致管道超出允许振动控制范围,致使管道系统发生结构

图 1-15　大连中石油国际储运有限公司原油库输油管道爆炸事故

(或其一部分)形状改变的现象,严重时压力管道发生整体坍塌。

造成管道变形的原因比较多,架空管道常常因为支吊架设计不合理、输送介质存在压力波动、地基沉降、温差效应、外物撞击等导致变形;埋地管道常常因为地质灾害(地震、滑坡、泥石流等)、第三方施工、车辆碾压、占压,恶劣天气(暴雨、暴雪、台风等)导致变形;穿越河流、海洋等管道常常因为洪水冲击、冲刷悬空、船舶撞击、河道施工等导致变形。

2)按故障发生原因分类

按故障发生原因大体可分为因超压造成过度的变形,因存在原始缺陷而造成的低应力脆断,因环境或介质影响造成的腐蚀破坏,因交变载荷而导致发生的疲劳破坏,因高温高压环境造成的蠕变破坏等。

3)按发生故障后管道失效时宏观变形量的大小分类

按发生故障后管道失效时宏观变形量的大小可分为韧性破坏(延性破坏)和脆性破坏两大类。

4)按发生故障后管道失效时材料的微观(显微)断裂机制分类

按发生故障后管道失效时材料的微观(显微)断裂机制可分为韧窝断裂、解理断裂、沿晶脆性断裂和疲劳断裂等。

实际工作中,往往采用一种习惯的混合分类方法,即以宏观分类法为主,再结合一些断裂特征,通常分为韧性失效、脆性失效、疲劳失效、高温蠕变失效、腐蚀失效等。

(1)韧性失效。

韧性失效是管道在压力的作用下管壁产生的应力达到材料的强度极限,从而发生断裂的一种失效形式。管道的韧性断裂是裂纹的发生和扩展的过程。发生韧性失效的管道,失效往往是由于超过强度极限而引起的。断裂前的伸长量可达到25%,可见韧性材料的能量吸收能力对于静态载荷的影响较小,但对于抵抗冲击载荷的影响较大。如果没有较大的能量吸收能力,非常小的冲击载荷都可能产生破坏性的应力。韧性断裂主要发生在裂纹缺陷处或形状不连续处。

（2）脆性失效。

脆性失效是指管道破坏时没有发生宏观变形，破坏时管壁应力也远未达到材料的强度极限，有的甚至还低于屈服极限。脆性破坏往往在一瞬间发生，并以极快的速度扩展。这种破坏现象称为脆性破坏。脆性破坏在较低的应力状态下发生，基本原因是材料的脆性和严重缺陷。管道脆性破坏的主要原因是材料的缺陷，特别是以裂纹性缺陷引起的事故所占的比例最高。

（3）疲劳失效。

疲劳失效是指管道长期受到反复加压和卸压的交变载荷作用出现金属材料的疲劳产生的一种破坏形式。疲劳断裂的特点是在低于材料强度的交变应力作用下突然断裂，在拉伸—压缩对称的应力循环中，疲劳极限约为抗拉强度的40%。蒸汽管道受热或冷却过程直接影响到管道的抗疲劳性能，随着温度的变化形成一次次的循环加载，最终导致管道失效。

（4）高温蠕变失效。

金属材料长期在不变的温度和不变的应力作用下，发生缓慢的塑性变形的现象，称为蠕变。蠕变现象的产生，受温度、应力和时间三个方面的因素影响。一般金属的蠕变现象只有在高温条件下才明显表现出来。一般认为，材料的使用温度不高于它的熔化温度的25%~35%，则可不考虑蠕变。承压的蒸汽管道中温度高、应力集中的部位易发生蠕变，尤其在三通、接管、缺陷和焊接接头等结构不连续处可观察到明显的鼓胀等变形。

（5）腐蚀失效。

压力管道的腐蚀是由于受到内部输送物料及外部环境介质的化学或电化学作用（也包括机械等因素的共同作用）而发生的破坏。

压力管道在使用中腐蚀失效最具有普遍性。特别是化学工业，因其介质腐蚀性强，并常常伴有高温、高压、磨损等，最易发生管道破坏事故。

压力管道的腐蚀破坏形态，除全面腐蚀外，还有局部腐蚀、应力腐蚀、腐蚀疲劳及氢损伤。其中，危害最大的当属应力腐蚀破裂，金属材料在腐蚀介质中经历一段时间拉应力后出现裂纹与断裂，往往在没有先兆的情况下突然发生，造成预测不到的破坏。

对蒸汽管道而言，腐蚀失效一般为保温层下腐蚀，是指金属在保温层下发生的腐蚀。对低中压的集中供热蒸汽管道来说，有时候由于临时停气等原因，导致使用温度下降或保温层变湿，就会发生保温层下腐蚀。一般当蒸汽管道和容器在低于 121 ℃ 的温度下操作时，保温层下金属表面的腐蚀就变成严重问题。因覆盖层与材料表面间容易在覆盖层破损部位渗水，随着水汽蒸发，雨水中氯化物就会凝聚下来，有些覆盖层本身含有的氯化物也可能溶解到渗水中，在残余应力作用下，如焊缝和冷弯部位容易产生应力腐蚀开裂。

2000 年 7 月 9 日凌晨，北京首钢电力厂汽机车间主蒸汽管道发生重大爆炸事故，造成 6 人死亡，直接经济损失 75 万余元。2001 年 1 月 12 日 22 时 20 分，陕西省西安市西郊集中供热工程的蒸汽管道第 26 号检查井发生了公称直径 800 mm 的供汽管道三通支管与干管连接处焊缝被撕开，形成宽度约 200 mm 大的裂口的爆炸事故，直接经济损失达 10 余万元，同时造成较大的社会影响。

腐蚀是导致管道失效的主要形式。主要原因是选材不当,防腐措施不妥,定检不落实。1994 年张家口市某厂一管道因腐蚀减薄穿孔泄漏引起爆炸,造成 8 人死亡。

1.2.4 承压类特种设备安全运行的重要性

承压类特种设备的基本安全问题主要体现在以下几个方面。

(1)强度。

强度是指特种设备在确定的工作载荷作用下,抵抗破裂和超过允许塑性变形的能力。对于大多数特种设备来说,是其最重要的安全性能指标。

(2)刚度。

有时特种设备在确定的载荷作用下并未发生破裂和超过允许塑性变形,但其弹性变形过大,发生不允许的位移,导致相关元(部)件发生破坏。所以简单地说,刚度是指特种设备在确定的载荷作用下抵抗弹性变形的能力。

(3)稳定性。

在外载荷作用下,特种设备的强度或刚度并未超出允许的范围时,其形状突然改变,发生破坏,如薄壁压力容器在外力的作用下被压瘪,这就是压力容器的失稳。稳定性就是特种设备及其元(部)件抵抗失稳的能力。

当然,特种设备的安全问题还可以包括其他一些方面,如密闭性、耐久性、耐高温性能等。应当指出,上面所述基本安全问题,与其使用的材料及焊接热处理等有着直接的联系。由于科学技术和工业生产迅速发展,对材料性能的要求愈来愈高,然而当前冶金技术不可能提供完美无缺的材料。同时,各种设备在制造过程中也会产生这样或那样的缺陷,如焊接中的气孔、夹渣、未焊透等,铸造中的缩松、气孔等,锻造中的白点、折叠等。承压类特种设备是在承压状态下运行,承受较大的工作压力,有些还同时承受高温和介质腐蚀,工作条件十分恶劣,高温、高压、高速的零部件内部存在缺陷时,易发生事故,而且锅炉、压力容器、压力管道在使用环节并不是孤立存在的,为了满足生产需要,往往是通过压力管道将锅炉压力容器等特种设备连接在一起构成系统,一旦一种设备发生事故往往会产生连锁反应,极易引发二次事故,加大损失。因此,借助于无损检测对特种设备内部及表面的结构、性质或状态进行检查和测试,发现特种设备制造或使用中产生的缺陷,对特种设备的安全运行有着重要的意义。

截至 2019 年年底,全国特种设备锅炉 38.30 万台、压力容器 419.12 万台、气瓶 1.64 亿只、压力管道 56.13 万 km。我国一贯比较重视安全生产,但事故仍不断发生。2019年,全国共发生特种设备事故和相关事故 130 起,按设备类别划分,发生锅炉事故 11 起、死亡 9 人,压力容器事故 4 起、死亡 7 人,气瓶事故 4 起、死亡 3 人,压力管道事故 1 起、死亡 1 人。按发生环节划分,发生在使用环节 109 起,占 83.85%;维修检修环节 16 起,占 12.31%;安装拆卸环节 3 起,占 2.31%;充装运输环节 1 起,占 0.77%;制造环节 1 起,占 0.77%。按损坏形式划分,承压类设备(锅炉、压力容器、气瓶、压力管道)事故的主要特征是爆炸、泄漏着火等。

1.2.5 无损检测技术的目的与作用

如何制造合格产品或把正在运行着的存在缺陷的零部件检测出来,采取措施,消除隐患,防止事故的发生,提高设备的安全可靠性,已成为工程技术中一个重要课题。这正是无损探伤所要承担的首要任务。

此外,无损探伤还可发现毛坯中的缺陷,防止后续工时的浪费,从而降低产品成本。无损探伤对于改进焊接、铸造等工艺也是十分有益的,先设计一些不同的工艺方案,然后进行试验,最后通过无损探伤来确定最佳的工艺方案。近年来,无损探伤在设备监督方面也开始发挥作用。应用无损检测技术,通常是为了达到以下目的。

(1)保证产品质量。

应用无损检测技术,可以探测到肉眼无法看到的内部的缺陷;在对试件表面质量进行检验时,通过无损检测方法可以探测出许多肉眼很难看得见的细小缺陷。由于无损检测技术对缺陷检测的应用范围广,灵敏度高,检测结果可靠性好,因此在承压类特种设备和其他产品制造的过程检验和最终质量检验中普遍采用。

应用无损检测技术的另一个优点是可以进行100%的检验。众所周知,采用破坏性检测,在检测完成的同时,试件也被破坏了,因此破坏性检测只能进行抽样检验。与破坏性检测不同,无损检测不需损坏试件就能完成检测过程,因此无损检测能对产品进行100%检验或逐件检验。许多重要的材料、结构或产品,都必须保证万无一失,只有采用无损检测手段,才能为质量提供有效保证。

(2)保障使用安全。

即使是设计和制造质量完全符合规范要求的承压类特种设备,在经过一段时间的使用后,也有可能发生破坏事故,这是由于苛刻的运行条件使设备状况发生了变化,例如由于高温和应力的作用导致材料蠕变;由于温度、压力的波动产生交变应力,使设备的应力集中部位产生疲劳;由于腐蚀作用使壁厚减薄或材质劣化,等等。上述因素可能使设备中原来存在的、制造规范允许的小缺陷扩展开裂,或使设备中原来没有缺陷的地方产生这样或那样的新生缺陷,最终导致设备失效。为了保障使用安全,对在用锅炉压力容器压力管道,必须定期进行检验,及时发现缺陷,避免事故发生,而无损检测就是在用锅炉压力容器压力管道定期检验的主要内容和发现缺陷最有效的手段。

除了锅炉压力容器压力管道,对其他使用中的重要设备、构件、零部件进行定期检验时,也经常应用无损检测手段。

(3)改进制造工艺。

在产品生产中,为了了解制造工艺是否适宜,必须事先进行工艺试验。在工艺试验中,经常对工艺试样进行无损检测,并根据检测结果改进制造工艺,最终确定理想的制造工艺。

(4)降低生产成本。

在产品制造过程中进行无损检测,往往被认为要增加检查费用,从而使制造成本增加。可是如果在制造过程中间的适当环节正确地进行无损检测,就是防止以后的工序浪费,减少返工,降低废品率,从而降低制造成本。例如,在厚板焊接时,如果在焊接全部完成后再进行无损检测,发现超标缺陷需要返修,要花费很多工时或者很难修补。因此,可以在焊至一半时先进行一次无损检测,确认没有超标缺陷后再继续焊接,这样虽然无损检测费用有所增加,但总的制造成本降低了。又如,对铸件进行机械加工,有时不允许在机加工后的表面出现夹渣、气孔、裂纹等缺陷,选择在机加工前对进行加工的部位实施无损检测,对发现缺陷的部位就不再加工,从而降低了废品率,节省了加工工时。

1.3　超声类检测技术介绍

1.3.1　超声类检测技术发展过程

无损检测技术是一种不用破坏试件,只借助某种物理现象或数学原理,就可以检测到试件的内部结构及性质的方法,能够对试件中可能存在的危险因素做出预测。将这一技术应用于压力容器的检测中,能够随时了解其质量,保证其安全运行。无损检测技术种类较多,常规检测技术有涡流、超声、射线、磁粉、渗透检测,这些方法由于检测原理不同而应用于不同的场合,其中能够用于检测隐藏于工件内部缺陷的方法有超声波和射线检测法。射线检测法对于裂纹类缺陷检出率不高,操作步骤比较烦琐,且对人体健康有害,虽然操作过程中会借助一定的防护手段,仍不可避免损害检测人员的健康。相比于其他几种检测方法,超声检测技术具有以下几方面的优势:

(1)不局限于金属材质,还适用于其他材质工件的检测,如非金属及复合材料的工件。

(2)超声波具有很强的穿透力,因此可探测的厚度范围大。

(3)对于裂纹等平面型缺陷反应极为敏感,检出率高。

(4)能够比较准确地定位缺陷,并能够探测出小尺寸的缺陷。

(5)检测高效,设备轻便,对人体健康无害等。

超声检测技术凭借突出的优势得到高速发展,广泛应用于焊接接头质量的评价。但由于焊缝成型的不规则性和焊缝超声检测的不直观性,以及检测人员、检测对象、仪器探头等诸多因素,可能产生漏检或误判,这使焊缝超声检测在一些重要产品制造的质量控制上受到限制。研究承压类特种设备的超声波检测技术对工程实际有较大的指导意义。

19世纪末20世纪初,人们发现可以借助超声波探测水下的物体,随后又有多位专家提出超声波的其他用途,例如,理查德森提出可用超声波探测到远距离的冰山,郎之万提出可利用超声波探测潜艇等,超声波检测的应用自此开始得到了广泛发展。1928年左右,人们开始将超声波应用于固体内部材料分布的分析,经过30多年,超声检测技术发展成了一种高效的无损检测方法。在这一过程中,逐渐出现了模拟式超声检测仪、数字式超声检测仪,使无损检测技术得到了飞速发展。超声波检测法作为一种高效的检测技术,在无损检测领域一直占据着重要地位,据统计,国外每年发表的超声检测科研论文占无损检测相关内容的一半。

在我国,一些机械工业率先应用了无损检测技术,但是由于历史原因,并未得到广泛应用。直到1949年之后,军工等重工业领域开始逐渐认识到无损检测技术的重要性,并先后应用射线、渗透、磁粉及超声检测等技术取得了不少成就。当时有很多年轻人在苏联专家的指导下掌握了无损检测技术,为我国的无损检测的发展奠定了坚实的基础。这期间,超声波检测技术也得到了快速发展,20 世纪 50 年代初,我国尚未具有制造超声波检测仪的能力,一些机械厂、锅炉厂等制造企业使用的超声波检测仪器均从国外引进;直到 20 世纪 80 年代末期,我国自主研发的首台数字式超声波检测仪问世,打破了检测仪只能从国外引进的局面;进入 21 世纪以来,在常规数字式超声检测仪的基础上,发展了一系列新技术,凭借这些新技术,我国先后成功研发了超声相控阵、空气耦合、衍射时差法 TOFD 等新式超声探伤仪。

在国内外无损检测领域专家的共同努力下,无损检测技术取得了巨大的进步,相继诞生了许多新方法。例如,相控阵技术是近几年提出的一种超声波检测方法,这一技术通过使用电子手段调节超声波声束的聚焦和扫描过程,能够扫查到焊缝各个部位,避免了盲区的出现,同时由于能够聚焦可实现厚壁工件的缺陷探测,其探测灵敏度远远超过了常规超声波检测技术,能够实现各项异性材料的无损检测。

1.3.2　超声波的基本概念

1.3.2.1　超声波的定义

人们在日常生活中听到的声音是由各种声源产生的机械波传播到人耳所引起的耳膜振动,能引起人耳听觉的机械波频率范围在 20~20 000 Hz。超声波是频率高于 20 000 Hz 的机械波。

1. 次声波、声波、超声波

次声波、声波和超声波都是在弹性介质中传播的机械波,在同一介质中的传播速度相同。它们的区别主要在于频率不同。人们把能引起听觉的机械波称为声波,频率在 20~20 000 Hz。频率低于 20 Hz 的机械波称为次声波,频率高于 20 000 Hz 的机械波称为超声波。次声波、超声波人耳不可闻。

2. 超声波的特性

超声检测所用的频率一般在 0.5~10 MHz,对钢等金属材料的检验,常用的频率为 1~5 MHz。超声波波长很短,由此决定了超声波具有一些重要特性,使其能广泛用于无损检测。

(1)超声波方向性好:超声波像光波一样具有良好的方向性,可以定向发射,准确地在被检材料中发现缺陷。

(2)超声波能量高:超声波检测频率远高于声波,而能量(声强)与频率平方成正比。因此,超声波的能量远大于声波的能量。

(3)超声波能在界面上产生反射、折射和波型转换:超声波在传播过程中,如遇异质界面可产生反射、折射和波型转换。

(4)超声波穿透能力强:超声波在大多数介质中传播时,传播能量损失小,传播距离大,穿透能力强,在一些金属材料中其穿透能力可达数米。这是其他检测手段所无法比拟的。

1.3.2.2 超声波的分类

超声波的分类方法很多,下面简单介绍几种常见的分类方法。

1. 根据质点的振动方向分类

根据波动传播时介质质点的振动方向相对于波的传播方向的不同,可将波动分为纵波、横波、表面波(瑞利波)R 和板波等。

1)纵波 L

介质中质点的振动方向与波的传播方向互相平行的波,称为纵波,用 L 表示,如图 1-16 所示。

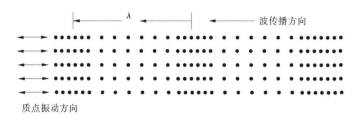

图 1-16　纵波

当介质质点受到交变正应力作用时,质点之间产生相应的伸缩形变,从而形成纵波。这时介质质点疏密相间,故纵波又称为压缩波或疏密波。

凡能承受拉伸或压缩应力的介质都能传播纵波。固体介质能承受拉伸或压缩应力,因此固体介质可以传播纵波。液体和气体虽然不能承受拉伸应力,但能承受压应力产生容积变化,因此液体和气体介质也可以传播纵波。

2)横波 S

介质中质点的振动方向与波的传播方向互相垂直的波称为横波,用 S 表示,如图 1-17所示。

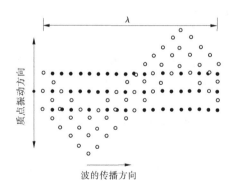

图 1-17　横波

当介质质点受到交变的剪切应力作用时,产生切变形变,从而形成横波。因此,横波又称为切变波。

因固体介质能够承受剪切应力,所以固体介质中能够传播横波。而液体和气体介质不能承受剪切应力,因此横波不能在液体和气体介质中传播。横波只能在固体介质中传播。

3)表面波(瑞利波)R

当介质表面同时受到交变正应力和切应力作用时,产生沿介质表面传播的波,称为表面波,常用 R 表示,如图 1-18 所示。表面波是瑞利 1887 年首先提出来的,因此表面波又称为瑞利波。

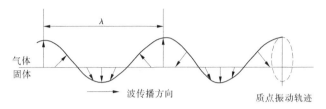

图 1-18　表面波(瑞利波)

表面波在介质表面传播时,介质表面质点做椭圆振动,椭圆长轴垂直于波的传播方向,短轴平行于波的传播方向。椭圆振动可视为纵向振动与横向振动的合成,即纵波与横波的合成。因此,表面波同横波一样只能在固体介质中传播,不能在液体和气体介质中传播。

表面波只能在固体表面传播。表面波的能量随传播深度增加而迅速减弱。当传播深度超过两倍波长时,质点的振幅就已经很小了。因此,一般情况下,表面波检测只能发现距工件表面两倍波长深度内的缺陷。

4)板波

在板厚与波长相当的薄板中传播的波,称为板波。根据质点的振动方向不同,可将板波分为 SH 波和兰姆波。

各种类型波的比较归纳在表 1-1 中。

表 1-1　各种类型波的比较

波的类型		质点振动特点	传播介质	应用
纵波		质点振动方向平行于波传播方向	固、液、气体介质	钢板、锻件检测等
横波		质点振动方向垂直于波传播方向	固体介质	焊缝、钢管检测等
表面波		质点做椭圆运动,椭圆长轴垂直波传播方向,短轴平行于波传播方向	固体介质	钢管检测等
板波	对称型(S 型)	上下表面:椭圆运动;中心:纵向振动	固体介质(厚度与波长相当的薄板)	薄板、薄壁钢管等($\delta < 6$ mm)
	非对称型(A 型)	上下表面:椭圆运动;中心:横向振动		

2. 根据波的形状分类

波的形状(波形)是指波阵面的形状。

波阵面:同一时刻,介质中振动相位相同的所有质点所联成的面称为波阵面。

波前:某一时刻,波动所到达的空间各点联成的面积称为波前。

波线:波的传播方向称为波线。

由以上定义可知,波前是最前面的波阵面。任意时刻,波前只有一个,而波阵面却有很多。在各向同性的介质中,波线恒垂直于波阵面或波前。

据波阵面形状不同,可以把不同波源发出的波分为平面波、柱面波和球面波。

1) 平面波

波阵面为互相平行的平面的波称为平面波。平面波的波源为一个平面,如图 1-19 所示。

尺寸远大于波长的刚性平面波源在各向同性的均匀介质中辐射的波可视为平面波。平面波波束不扩散,平面波各质点振幅是一个常数,不随距离而变化。

2) 柱面波

波阵面为同轴圆柱面的波称为柱面波。柱面波的波源为一条线,如图 1-20 所示。

长度远大于波长的线状波源在各向同性的介质中辐射的波可视为柱面波。柱面波波束向四周扩散,柱面波各质点的振幅与距离平方根成反比。

3) 球面波

波阵面为同心圆的波称为球面波。球面波的波源为一点,如图 1-21 所示。

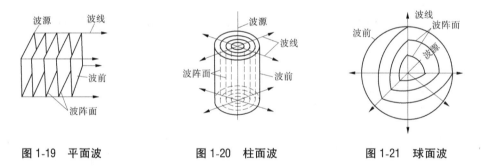

图 1-19　平面波　　　　　图 1-20　柱面波　　　　　图 1-21　球面波

尺寸远小于波长的点波源在各向同性的介质中辐射的波可视为球面波。球面波波束向四面八方扩散。

实际应用的超声波探头中的波源近似活塞振动,在各向同性的介质中辐射的波称为活塞波。当距离波源的长度足够大时,活塞波类似于球面波。

3. 根据振动的持续时间分类

根据波源振动的持续时间长短,将波动分为连续波和脉冲波。

1) 连续波

波源持续不断地振动所辐射的波称为连续波,如图 1-22(a)所示。超声波穿透法检测常采用连续波。

2) 脉冲波

波源振动持续时间很短(通常是微秒数量级,1 μs = 10^{-6} s),间歇辐射的波称为脉冲波,如图 1-22(b)所示。目前,超声波检测中广泛采用的就是脉冲波。

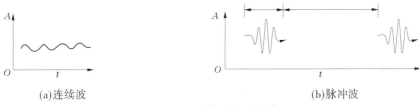

(a)连续波 (b)脉冲波

图 1-22 连续波与脉冲波

1.3.2.3 超声波的波动特性

1. 波的叠加

当几列波在同一介质中传播时,如果在介质中某处相遇,则相遇处质点的振动是各列波引起振动的合成,在任意时刻该质点的位移是各列波引起位移的矢量和。几列波相遇后仍保持自己原有的频率、波长、振动方向等特性,并按原来的传播方向继续前进,好像在各自的途中没有遇到其他波一样,这就是波的叠加原理,又称波的独立性原理。

波的叠加现象可以从许多事例中观察到,如两石子落水,可以看到两个以石子入水处为中心的圆形水波的叠加情况和相遇后两波仍按原来的方向进行传播的情况。

2. 波的干涉

两列频率相同、振动方向相同、位相相同或位相相差恒定的波相遇时,介质中某地方的振动互相加强,而另一些地方的振动互相减弱或完全抵消的现象叫作波的干涉现象。产生干涉现象的波叫相干波,其波源称为相干波源。

波的叠加原理是波的干涉现象的基础,波的干涉是波动的重要特征。在超声波检测中,由于波的干涉,使超声波源附近出现声压极大极小值。

(1)当波程差 $\delta = n\lambda$(n 为整数)时,即两相干波的波程差等于波长的整数倍时,二者互相加强,合振幅达极大值。

(2)当波程差 $\delta = (2n+1)\lambda/2$(n 为整数)时,即两相干波的波程差等于半波长的奇数倍时,二者互相抵消,合振幅达极小值。若两波振幅相同,则合成振幅为零,二者完全抵消。

3. 驻波

两列振幅完全相同的相干波在同一直线上沿相反方向传播时互相叠加而成的波,称为驻波。如连续波的反射波和入射波互相叠加(全反射)就会形成驻波。另外,脉冲波在薄层中的反射也会形成驻波。驻波是波动干涉的特例。

4. 惠更斯原理

如前所述,波动是振动状态的传播,如果介质是连续的,那么介质中任何质点的振动都将引起邻近质点的振动,邻近质点的振动又会引起较远质点的振动,因此波动中任何质点都可以看作是新的波源。据此惠更斯于 1690 年提出了著名的惠更斯原理:介质中波动传播到的各点都可以看作是发射子波的波源,在其后任意时刻这些子波的包迹就决定新的波阵面。

利用惠更斯原理可以确定波前的几何形状和波的传播方向。

如图 1-23 所示,波源做活塞振动,以波速 C 向周围辐射超声波。先以波源表面各点为中心,以 C_t 为半径画出各球形子波,作切于各子波的包迹得波阵面 S_1。再以 S_1 表面各点为中心,以 $C\Delta t$ 为半径画出各球形子波,作切于各子波的包迹得波阵面 S_2。由波前垂直于波阵面便可确定波的传播方向。

5. 波的衍射(绕射)

波在传播过程中遇到与波长相当的障碍物时,能绕过障碍物边缘改变方向继续前进的现象,称为波的衍射或波的绕射。

如图 1-24 所示,超声波在介质中传播时,若遇到缺陷 A、B,根据惠更斯原理,缺陷边缘 A、B 可以看作是发射子波的波源,使波的传播方向改变,从而使缺陷背后的声影缩小,反射波降低。

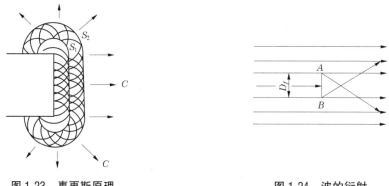

图 1-23　惠更斯原理　　　　　　　　图 1-24　波的衍射

波的绕射和障碍物尺寸 D_f 及波长 λ 的相对大小有关。当 $D_f \ll \lambda$ 时,波的绕射强,反射弱,缺陷反射波很低,容易漏检。一般认为,当 $D_f \leqslant \dfrac{\lambda}{2}$ 时,只绕射无反射;当 $D_f \gg \lambda$ 时,反射强,绕射弱,声波几乎全反射。

波的绕射对检测既有利,又不利。由于波的绕射,使超声波产生晶粒绕射顺利地在介质中传播,这对检测是有利的。但同时由于波的绕射,使一些小缺陷反射波显著下降,以致漏检,这对检测不利。

1.3.2.4　超声检测成像

超声成像就是用超声波获得物体可见图像的方法。

由于超声波可以穿透很多不透光的物体,所以利用超声波可以获得这些物体内部结构声学特性的信息,超声成像技术将这些信息变成人眼可见的图像。由声波直接形成的图像称为声像,由于生理的限制,人眼是不能直接感知声像的,必须采用光学的或电子学的或其他方式转化为肉眼可见的图像或图形,这种肉眼可见的像称为声学像。声学像反映了物体内部某个或几个声场参量的分布或差异。反过来,对于同一物体,利用不同的声学参量,例如声阻抗率、声速或声衰减等,可以生成不同的声学像。

1. 扫描超声成像

扫描超声成像是超声检测数据的视图显示,最基本的超声扫描方式有 A 扫描、B 扫描、C 扫描、D 扫描、S 扫描、P 扫描等,它们分别是超声脉冲回波在荧光屏上不同的显示方式。表 1-2 是以上扫描方式的显示方法和特点。

表 1-2 扫描超声成像技术

扫描方式	显示方法	特点
A 扫描	超声脉冲幅度或波形与超声传播时间的关系	一维显示,是各种扫描的基础
B 扫描	与声束传播方向平行且与测量表面垂直的剖面	一幅 B 显示是一系列 A 显示叠加
C 扫描	显示样品的横断面	成像范围由几个平方毫米到几个平方米,优越性强,但不能实时成像
D 扫描	数据的二维显示	视图与 B 显示方向垂直
S 扫描	探头延时和折射角已作校正,特定通道所有 A 显示叠加而成的二维图像	能由二维显示再现体积能,在扫描过程中显示图像;能显示实际深度
P 扫描	显示探头在管内壁检测或在圆筒形工件外壁检测时所得数据	可提供缺陷周向分布和径向深度位置信息

2. 超声波显像

声波是力学波,它会改变传播介质中的一些力学参数,比如质点位置、质点运动速度、介质密度、介质中应变、应力等,液体中还引起辐射压力。利用这些参数变化可以使声波成为可见。1937 年,Pohlman 制成第一台声光图像转换器。到目前,最有效而常用的声波显示方法是施利仑法和光弹法。施利仑法的根据是声波导致介质密度变化,而后引起光折射率的改变。光弹法成像原理是超声引起应力,在各向同性固体中,应力产生光的双折射效应,光通过应力区后,偏振将发生变化。20 世纪 80 年代,我国著名声学专家应崇福和他领导的小组用动态光弹法系统研究了固体中的超声散射,把这个方法的价值提到了新的高度。在他们的散射研究中,首次目睹了声波沿孔壁爬行,在材料棱边内部的散射和在带状裂缝的散射,还首次窥见了兰姆波和瑞利波,观察了前者在板端的散射,后者绕材料尖角的散射。他们提高了动态光弹法的显示清晰度,80 年代前期的光弹照片质量之高在国际上已属罕见。

3. 超声全息

超声全息是利用干涉原理来记录被观察物体声场全部信息,并实现成像的一种声成像技术和信息处理手段。扫描声全息大致分为两类:一类是激光重建声全息,它是用与入射波同频率的电信号与探测器的输出电信号相加,用叠加信号的幅度去调制荧光屏光点的亮度,在荧光屏上形成全息图;然后将全息图拍摄下来,再用激光照射全息图,获得重建像。另一类是计算机重建声全息,它是利用扫描记录到的全息函数与重建像函数之间是空间傅氏变换对的关系,直接由计算机计算而实现的重建。

4. ALOK 法成像

ALOK（Amplituen and Laufzeit Orts Kurren）法即幅度传播时间位置曲线法,原理如图 1-25 所示。一个自发自收的超声换能器在试样表面按照一定规则进行移动扫描,如果 A 点是试样内的缺陷,那么在位置 1 处接收到的回波信号中,在传播时间处有一个回波小峰。同样,在位置 2 接收的回波信号中,在传播时间处也会出现一个小峰。由于这个缺陷是确定的,因此在以后的各检测位置上,在声时位置曲线对的传播时间上都会出现 A 点的反射回波。同样,由于检测位置与缺陷 A 之间的距离有规律变换,缺陷回波的幅度也会随位置的变换而有规律的变化。而噪声则不会在出现的时间与幅度上随检测位置而有规律的变化。利用传播时间位置及幅度位置曲线,就可以从回波信号中识别来自缺陷的回波信号,并用 B 显示给出缺陷的像。

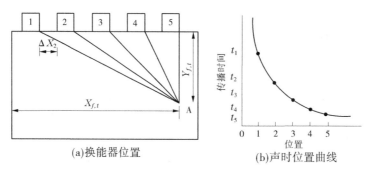

(a)换能器位置   (b)声时位置曲线

图 1-25　ALOK 法原理

5. 相控阵法

超声相控阵技术始于雷达电磁波相控阵技术,医用 B 超是最先采用超声相控阵技术的。20 世纪 80 年代初,相控阵超声波技术从医疗领域跃入工业领域。

20 世纪 80 年代中期,压电复合材料的研制成功,为复合型相控阵探头的制作开创了新途径。压电复合技术、微型机制、微电子技术及计算机功率的最新发展,对相控阵技术的完善和精细化都有卓越贡献。

超声相控阵系统由超声阵列换能器和相应的电子控制系统组成。超声阵列换能器由许多小的压电晶片(阵元)按照一定形状排列而成,其内部的各阵元可以独立进行超声发射或接收。在相控阵超声发射状态下,阵列换能器中各个阵元按照一定延时规律顺序激发,产生的超声发射子波束在空间合成,形成聚焦点和指向性,如图 1-26 所示。改变各阵元激发的延时规律,可以改变焦点位置和波束指向,形成在一定空间范围内的扫描聚焦。

6. 超声显微镜

超声显微镜是利用声波对物体内力学特性进行高分辨率成像研究的系统和技术,是20 世纪 80 年代研制成功的重要的三维显微观察设备,它集现代微波声学、信号检测和计算机图像科学技术于一体,是一种典型的高科技产物。它可以对不透明材料内部层层地进行显微观察,直至表面以下几毫米甚至几十毫米的深度,可以获得丰富的信息,其次是对生物组织可以进行活体检查,以实现生物学家们长期盼望的活检。

7. 合成孔径聚焦成像(SAFT)

合成孔径聚焦(Synthetic Aperture Focusing Technique,简称 SAFT)超声成像是 20 世纪 70 年代发展起来的一种比较有潜力的成像方法,它以点源探头在被测物体的表面上扫描,接收来自物体内部各点的散射声信号并加以存储,然后对不同接收位置上探头接收的声信号引入适当的延迟并进行叠加,以获得被成像点的逐点聚焦声学像。在超声检测中,常用聚焦探头来提高检测的分辨率。在焦点上超声波的束径 b 与声波波长、焦距 F 及探

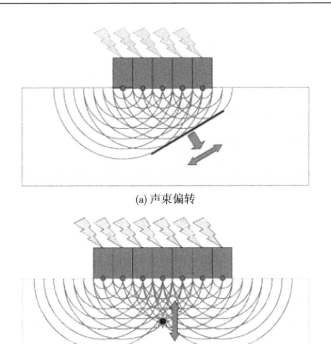

(a) 声束偏转

(b) 声束聚焦

图 1-26 相控阵成像检测关键技术

头尺寸 D 之间有 $b = 1.03F/D$,频率越高,探头的孔径越大,检测的分辨率就越高。合成孔径聚焦技术就是用信号处理的方法使小孔径的换能器阵列具有大孔径阵列的指向特性的功能,实现高分辨率成像。

当一个超声收、发的探头沿直线移动,每隔距离 d 发射一个声波,同时接收来自物体各点的散射信号并加以储存。根据各成像点的空间位置,对接收到的信号作适当的声时延或相位延迟后再合成得到被成像物体的逐点聚焦成像,这就是合成孔径聚焦成像技术。SAFT 成像的分辨率高,能在近场区工作,并能实现三维成像。

8. 衍射时差法(TOFD)超声成像技术

TOFD(Time Of Flight Diffraction)检测技术通常采用一发一收并且角度相同的双探头模式,利用缺陷尖端的衍射波信号探测和测量缺陷尺寸。检测过程中,激发探头产生的宽角度纵波基本可覆盖整个检测区域。

TOFD 对于焊缝中部缺陷检出率很高,容易检出方向性不好的缺陷,可以识别向表面延伸的缺陷,使用横向 TOFD 模式时,特别是在信号处理的帮助下缺陷定量很准,线形模式下的定量精度也可以接受,和脉冲反射法相结合时效果更好。

1.4　承压类特种设备检验对超声类检测技术的需求

1.4.1　承压类特种设备检验的主要目的和重要性

检验是通过观察和判断,适当时结合测量、试验所进行的符合性评价。承压类特种设备检验的主要目的与作用,是依据客观实际条件、情况和要求,运用适当的理论、知识、技术、规范和手段,对承压类特种设备的本质安全质量状况进行技术检查、试验、诊断,做出正确的分析、判断,并进而对不符合产品质量要求或不能满足安全使用要求的承压类特种设备(包括零部件、半成品等)、原材料或质量形成(变化)过程,进行有效的控制、处理,或提出符合实际和有效的控制处理措施与对策。承压类特种设备检验是承压类特种设备安全监察七个环节中重要的一环,是保证承压类特种设备安全的重要手段。承压类特种设备的检验方式包括以下内容。

1.4.1.1　生产企业的质量检验

质量检验是指借助于某种手段或方法来测定产品的一个或多个质量特性,然后把测定的结果同规定的产品质量标准进行比较,从而对产品做出合格或不合格判断的活动。质量检验的具体工作包括度量、比较、判断、处理。质量检验是质量管理不可缺少的一项工作,是保证产品质量的主要手段之一。

承压类特种设备制造质量检验包括从入厂原材料(或半成品)的质量验收,生产工艺流程中的质量控制和出厂前的成品质量检验。

1.4.1.2　生产环节的监督检验

1. 制造监督检验

制造监督检验是在受检企业质量检验(自检)合格的基础上,由国家质量监督检验检疫总局核准的检验检测机构对承压类特种设备产品安全性能进行的监督验证。承压类特种设备压力容器产品的监检工作应当在承压类特种设备制造现场,且在制造过程中进行。

2. 安装监督检验

安装监督检验是指承压类特种设备安装过程中,在安装单位自检合格的基础上,由国家质量监督检验检疫总局核准的检验检测机构对安装过程进行的强制性、验证性的法定检验。

安装监督检验主要内容有以下几个方面:

(1)对制造、安装过程中涉及安全性能的项目确认核实,如焊接工艺、焊工资格、力学性能、化学成分、无损探伤等重要项目。

(2)对出厂技术资料进行确认。

(3)对受检单位质量管理体系运转情况进行抽查。

监督检验属于强制性检验,不能代替受检企业的自检,监检单位应当对所承担的监督检检工作质量负责。监督检验目的在于消除这些环节中出现的不利于承压类特种设备安全运行的因素,更可靠地保证承压类特种设备的安全。

3. 定期检验

随着我国经济的快速发展,承压类特种设备等特种设备的数量快速增长,安全事故也时有发生,保证承压类特种设备安全运行至关重要。因此,国家设立了承压类特种设备等特种设备的专业检验机构,专门从事承压类特种设备等特种设备的检验检测。

承压类特种设备定期检验工作是指特种设备检验机构根据相关技术规范的规定按照一定的时间周期对在用特种设备进行的检验活动。对承压类特种设备进行定期检验,是及早发现缺陷,消除隐患,保证承压类特种设备安全运行的一项行之有效的措施。这一点已被国内外长期的实践所证实。检验的目的是及时查清设备的安全状况,及时发现设备的缺陷和隐患,使之在危及设备安全之前被消除或被监控起来,以避免承压类特种设备在运行中发生事故。由于承压类特种设备运行使用条件大都很恶劣,存在各种损害设备部件的因素,无论设备部件原先是否完好,都难以避免在使用中产生各式各样的缺陷,进而导致部件的破坏和事故的发生。因此,及时发现和妥善处理承压类特种设备的缺陷就成为十分重要的问题。

显然,承压类特种设备检验本身不是承压类特种设备安全质量的形成、变化过程,而是对这种形成、变化过程或对其结果(现状)、趋势的检查、诊断、判断和控制。正因为如此,承压类特种设备检验的重要性便显而易见了。

(1)检验检测是验证特种设备符合性的重要手段之一。

承压类特种设备的安全可靠性受制造过程中众多因素影响,如技术上的不成熟、知识上的不全面等使得技术文件不齐全、不准确;重要工序如冷热加工、焊接、热处理、无损检测等的实施及结果对其可靠性影响的不确定性;也可能由人为因素造成的缺陷如质量控制失误而漏检、出现加工误差等。因此,必须对制作过程的影响因素进行控制,减少不利因素。制造监检的目的就是对承压类特种设备安全质量有影响的过程及结果进行验证,以降低影响承压类特种设备安全可靠性的不确定因素。

(2)检验检测是特种设备发现缺陷和安全隐患的重要方法之一。

承压类特种设备运行时在诸多因素的影响下,随时可能出现一些影响安全使用的问题。在这种条件下对承压类特种设备进行检验检测,可以保障承压类特种设备安全、可靠地运行,从而保证了设备的安全使用及使用寿命。承压类特种设备检验工作是降低承压类特种设备危险性的一项重要工作。

对承压类特种设备的轻微缺陷,如不及时发现并维修,就会加快缺陷扩展速率,缩短设备使用寿命。承压类特种设备如果没有进行定期检验,有了缺陷不能很快地被发现,得不到及时修理,会使其使用寿命大大缩短。一般情况下,运行过程中承压类特种设备的缺陷从产生、发展到发生爆炸,一般要经历一段时间,都不是突然发生的。如平常能加强监督管理,又能够有计划地定期对承压类特种设备进行内部检验和外部检验,就能及时发现缺陷,掌握它的发展趋势,采取预防措施,从而防止事故的发生。按照承压类特种设备运行情况,实行有计划的检验检测,及时消除事故隐患,以保证正常生产和人民日常生活的需要。加强承压类特种设备检验,可以提高承压类特种设备的安全性能,保证承压类特种设备运行安全,防止事故的发生。所以说,承压类特种设备检验工作十分重要。

(3)检验检测是促进特种设备生产和使用单位的安全管理水平,服务经济建设的手段之一。

检验检测可以使特种设备生产、使用单位的安全管理变事后处理为事先预测、预防。传统安全管理方法的特点是凭经验进行管理,多为事故发生后再进行处理的"事后过程"。通过检验,可以预先识别系统的危险性,分析特种设备生产、使用阶段的安全状况,全面地评价设备系统及各部分的危险程度和安全管理状况,促使特种设备生产、使用单位达到规定的安全要求。检验检测可以使特种设备生产、使用单位的安全管理从纵向单一管理变为全面系统管理。

检验检测有助于特种设备生产、使用单位提高经济效益。通过检验检测可以减少特种设备在制造、安装方面的缺陷,可将一些潜在事故隐患在特种设备使用前消除;可使特种设备生产、使用单位较好地了解可能存在的危险并为安全管理提供依据,特种设备生产、使用单位的安全生产水平的提高无疑可带来经济效益的提高。

1.4.2　超声类检测技术在承压类特种设备检验中的重要性

承压类特种设备常用的无损检测方法主要有超声检测、射线检测、涡流检测、磁粉检测、渗透检测等,内部缺陷是生产和使用过程中关注的重点,应用于此类缺陷的最主要方法是射线检测和超声检测。

射线检测对工件厚度有很大的要求,超过一定壁厚后,此方法无法进行,此外,X 射线或者 γ 射线对人体有很大的危害。而超声检测并不存在这样的缺点,同时,应用超声检测技术替代或部分替代射线(RT)检测将带来明显的经济效益,从直接效益来说,RT 检测费用主要由设备台班费、底片及洗片材料费、拍片及洗片人工费、放射源材料费(γ 射线检测)、射线作业时的防护材料及人工费构成,而 TOFD 检测就像 UT 检测一样只需发生设备台班费和检测人工费,且人工用量大大少于射线作业用量,因此超声检测直接费用比射线检测低。从间接效益来说,射线作业的辐射对人体危害大,射线作业与其他作业无法同时并行进行,并且作业占用时间长,对设备安装工期影响较大,而超声检测无辐射危险,可与其他安装作业并列进行,检测方便快捷,这样就间接提高了安装作业的生产效率,缩短施工工期,降低施工成本,能产生良好经济效益。随着我国社会文明程度的提高,各行业对环保的要求也日益提高,采用超声检测技术替代或部分替代射线(RT)检测能够避免或减少射线对人体的伤害,减少 γ 源运输、储存、使用环境污染风险,体现以人为本的思想,推广运用该技术能取得良好的社会效益。

但常规超声检测方法检测效率低,无法对缺陷准确定位和定量,因该方法的单一性,缺陷很容易漏检或误判,且无法精确监控埋藏缺陷的长度及高度,没有可靠的追溯性。与常规超声相比,近几年一些新兴的超声检测技术(衍射时差法、相控阵、导波、电磁超声等)在缺陷定量方面有了很大的发展。随着超声检测技术的发展,借助获取的检测图像,不仅可以确定缺陷的延伸等级,还可以确定设备安全运行下危害的临界尺寸。可以对埋藏性缺陷的长度、高度、性质及扩展性(例如埋藏缺陷中的气孔、夹杂、未熔合、未焊透等)进行定期监控,提高其检验数据的可追溯性,可靠地保证承压类特种设备检验的质量。在特种设备各领域中,超声波检测均为常用的无损检测方法。超声波检测在特种设备中应用如表 1-3 所示。

表 1-3 超声波在特种设备中的应用

特种设备	检测应用
锅炉	焊缝的检测、钢板的检测、锻件的检测、管材的检测、管板与锅壳 T 形连接焊缝的检测、管板与炉胆 T 形连接焊缝的检测、回燃室上 T 形连接焊缝的检测、集中下降管角焊缝的检测、集箱对接焊缝的检测、管子对接焊缝的检测等
压力容器	钢焊缝的检测、钢板的检测、钢锻件的检测、钢管材的检测、复合层的检测、大型螺栓及棒材的检测、奥氏体不锈钢锻件的检测、封头及筒体壁厚的测定、管座角焊缝的检测,以及钛合金与铝合金的棒材、管材、板材的检测等
压力管道	焊缝的检测、锻件的检测、板材的检测、钢管的检测、弯头的检测、三通的检测、螺栓的检测、不锈钢管材的检测、管材厚度的测定、阀门最小厚度的测定

总之,超声检测技术具有很好的推广运用前景,会带来明显的经济及社会效益。

第2章　衍射时差法检测技术及应用

2.1　衍射时差法检测技术原理

2.1.1　衍射时差法(TOFD)检测技术背景及发展历史

衍射时差法超声检测技术是 20 世纪 70 年代由英国国家无损检测中心的 Mauric Silk 博士提出的。但他没有识别出信号来源,因此与 TOFD 技术的发明失之交臂。关于衍射时差技术的详细发展,可以查找 Silk(1979,1982,1984)、Silk 和 Lidington(1974,1975),以及 Silk、Lidington 和 Hammond(1980)的论著。TOFD 技术开发中大量工作主要是由 Silk 博士和他的合作者完成的,从 70 年代初期从对实验室的一些现象发生好奇心开始,到创造出能够探测和确定缺陷尺寸的一整套检测方法,经过大约 10 年时间。

随着时差衍射技术的发展,可以确定缺陷的延伸等级,也可以确定设备安全运行下危害的临界尺寸。由于确定缺陷的尺寸是非常保守的,因此造成对一些缺陷危害性不大的设备进行返修。

如果通过连续的超声检测证实了缺陷没有延伸,或者是缺陷的延伸速度比预期的要慢,这样的结果对于设备的操作者来说是非常重要的;如果缺陷是比较稳定的,并且是在临界尺寸之内,那么这个设备就能正常地运行;如果缺陷的延伸速度不快,设备可以保持很长的使用寿命。同样的,如果能对缺陷的延伸速度进行精确测量,那么对设备的维修和更换也是非常有益的,这样可以节约设备使用者很大一笔费用,意外的设备停工和没有计划的抢修都是设备使用者所不愿意见到的事情。

为了测量裂纹的扩展速度,必须精确测定缺陷的尺寸,常规超声在缺陷定量方面是非常不充分的,而 TOFD 测量误差比较小,精确的测量尺寸有利于减少伪缺陷的数量,如果探测到了密集型的气孔,要精确地测量它们的尺寸,而常规超声测量这样尺寸的能力是非常低的,原因是常规脉冲回波在尺寸定量上存在很大的误差,实际测量的尺寸比真实的尺寸要大,从而在报告中得到的尺寸是不真实的。当使用很高的检测频率获得缺陷的尺寸在所注意的尺寸之上时,这样就夸大了很多良性的缺陷。

TOFD 和常规的脉冲回波相比有两个最大的不同:

(1)有很高的定量精度(绝对的误差是±1 mm,而监测的误差是±0.3 mm),在检测的过程中对缺陷的角度不敏感,定量是基于衍射信号的时间而不是基于信号的波幅。

(2)使用 TOFD 的时候,对缺陷的定性有可能不被承认,原因是衍射信号的波幅不依赖于缺陷的尺寸,在保证全覆盖的前提下对所有的数据进行分析,因此进行 TOFD 的培训和取得经验是非常重要的。

多年来,TOFD 一直作为试验的工具,在 20 世纪 80 年代早期,英国做了大量的试验证实了:对于反应堆的压力容器和主要部件来说,TOFD 作为超声检测是比较可行的技术,这时 TOFD 才被业界所公认。在 20 世纪 70 年代的末期,这些试验是大家所知的缺陷探测试验(DDT);这些试验也应用在国际的 PISC 系统。因此,美国机械工程师协会认可了TOFD ,在可靠性和精度方面,常规脉冲回波获得的结果是非常差的,而 TOFD 在定量方面是非常精确的,使用其他的技术进行了许多不同的试验,在这些试验中,用事实证明了TOFD 在可靠性和精度方面都是非常好的技术。

由于数字化系统的相关部件很多,所以在野外检测是非常困难的,直到 1982 年,国际无损检测中心开发了一套便携式设备进行数据的采集和分析,这个系统就是 ZIPSCAN,并且被汤姆逊电子集团认可,在 1983 年,这套系统卖到了世界各地,如今,有大量的商业超声数字化系统可以进行 TOFD 检测。

TOFD 最初的发展仅仅是作为定量的工具,最初的想法是:使用常规技术探测到缺陷然后使用 TOFD 进行精确的定量,目前可以监测在线设备裂纹的延展。

然而,TOFD 完全被接受是在 20 世纪 80 年代中期,尤其是在石油和天然气行业,因为它们在海上和陆地上都要进行检测,出于经济利益的考虑,对于一些良性的缺陷,不可能进行维修,只要定期进行检测观察它的延伸。使用一对 TOFD 探头沿着焊缝进行扫查就能发现所有的缺陷,把扫查数据组成一个视图(B 扫或者 D 扫)对于判断复杂的几何外形和焊趾也很有帮助,这样比单纯看 A 扫更容易判断缺陷的尺寸和性质,一个非常好的例子是:使用 TOFD 在海上石油工业检测焊趾的腐蚀。

在许多研究机构的努力下,TOFD 技术一直在发展(如建立软件模型可以在复杂的几何形状上收集和分析数据),检测公司研发出了许多不同的软件。

2.1.2　TOFD 原理

2.1.2.1　衍射过程

当超声波作用于一条长裂纹缺陷时,将从裂纹缝隙产生波纹衍射。另外,还会在裂纹表面产生超声波反射。在常规超声检测中,衍射波比镜面反射弱得多,但是在同一平板中各个方向的裂隙都可以产生衍射波。

衍射现象没有任何新的原理,任何波都可以产生衍射现象,比如光波和水波。当光波通过裂隙或经过边缘时,通过光学显微镜或其他光学仪器可以看到光波经过衍射后的波束。3 个世纪以前,Huygens 提出了一种假设,波通过缝隙后,前波沿每一个点都可以看作是一个新的波源。因此,为了解释这个假设,提出如图 2-1 所示的波从表面进行反射。表面上的每一个点(其范围比波长短)都可以作为反射点从而产生波。每个新生的分离波对彼此进行干涉,正如 1802 年 Young 所提出的分离波各自的位移叠加可得一个总的位移,这样得到的是一个反射平波。但是,波从缝隙中通过后在表面边缘停留形成所谓的衍射波。现今,Kirchhoff 理论可以更加精确地解释衍射现象。

常规超声的衍射现象属于尖端衍射的另一类技术。尖端衍射信号通常用于脉冲回波的尺寸检测中,因为这种衍射可以提高信号强度。

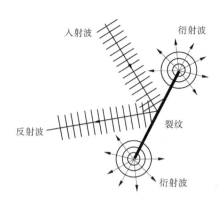

图 2-1　衍射现象的解释

2.1.2.2　TOFD **基本设置**

TOFD 技术是一种裂纹尺寸检测技术,其原理是通过超声波衍射后能量重新发射计算裂纹的位置。TOFD 技术由两个探头组成,一个探头起发射作用,另一个探头起接收作用。这种设计可进行大量尺寸材料的检查,而且能够得到反射体确定的位置和深度。

采用一个探头也可以进行缺陷检测,但不推荐使用这种方法,原因是这种方法降低了缺陷定位的准确度。探头需要选择合适的窄脉冲长度以便于检测深度具有较高的分辨率。为了在金属中产生一定的压缩波,楔块典型的角度是 45°、60° 和 70° 等(角度可以定制)。传感器一般都有螺纹,便于和不同的楔块连接。为了使超声波能够在探头和楔块中进行传播,需要在二者间添加耦合剂。这种设计的缺点是经历一段时间后耦合剂会变干,而需要重新添加。

在金属材料中,采用压缩波的原因是这种波的传播速度几乎是横波的两倍,从而能够最先到达接收探头。知道了波速才能计算出缺陷的深度,如果信号具有纵波的波速,那么深度的计算将更容易。任意一种波都可以通过一部分波形转换成为其他种类的波形。如果一束横波通过裂隙进行衍射后可能产生纵波,那么这束纵波先到达接收探头。如果是这种情况,那么横波的波速是正确的,但将算出错误的缺陷深度。

纵波通过楔块后,将在合适的角度一部分分裂成需要的纵波,另一部分在纵波角度的一半处转换成横波。因此,横波也存在于金属材料中,只是其信号产生在纵波信号之后。所以,TOFD 检测所得的波形信号包括所有的纵波、所有的横波、波形转换后的一部分纵波和一部分横波。

2.1.2.3　**检测所得信号**

如图 2-2 所示为 TOFD 技术的整体设计,有缺陷的 A 扫查信号如图 2-3 所示。主要的波形种类如下。

1. 直通波

通常,首先看到的是在金属材料表面传播的纵波,这种波在两个探头之间以纵波速度进行传播。它遵循了两点之间波束传播最快的 Fermat's 理论。在金属曲表面直通波仍然是在两探头之间进行直线传播。如果材料表面有涂层,则绝大部分波束都在涂层下面的材料中进行传播。直通波并不是真正的表面波,在其波束的边缘有一束散射波存在。

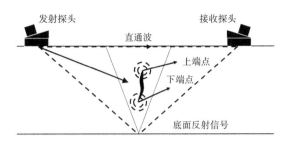

图 2-2　TOFD 技术的整体设计

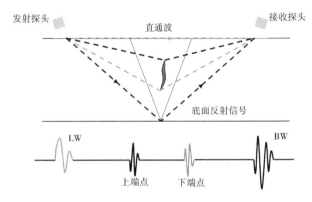

图 2-3　TOFD 有缺陷的 A 扫查信号

直通波的频率比中心波束的频率低(波束频率与其扩散范围有关,具有越低的频率成分,波束扩散得越宽)。真正的表面波波幅随着扫查距离的变化呈指数衰减。

PCS 如果很大,则直通波的信号比较微弱,甚至识别不到。由于基本形式的发射接收信号在近表面区得到较大的压缩,因此这些信号可能隐藏在直通波信号下。

2. 底面反射波

由于传播距离的增大,在直通波后面出现一个反射或衍射的底面波。如果探头只能发射到金属材料的上部或者没有合适材料底部进行反射和衍射,则底面波可能不存在。

3. 缺陷信号

如果在金属材料中存在一个二维的缺陷,则通过缺陷顶部裂隙和底部裂隙探头将产生衍射信号,这两束信号在直通波和底面反射波之间出现。这些信号比底面反射信号要弱得多,但比直通波信号强。如果缺陷高度较小,则上尖端信号和下尖端信号可能互相重叠。因此,为了提高上尖端信号和下尖端信号的分辨率,减少信号的周期很重要。

由于衍射信号比较弱,在 A-Scan 中难以总是清晰得看出来,而且 A-Scan 只是 B-Scan 的连续显示图,因此还采用清晰显示衍射信号的 B-Scan。

与相似的缺陷检测技术相比,TOFD 技术由于只有 A-Scan 可用而成为一种难度大的检测技术。

4. 横波信号或波形转换信号

在底面纵波反射信号之后将出现一个相当大的信号,这种信号是底面的横波反射信号。它通常被误认为是底面纵波反射信号。在这两个信号之间还会产生由于缺陷而进行波形转换后形成的横波,这个信号到达接收探头需要较长的时间。

这个区域所收集到的信号通常很有价值,因为经过较长的时间后,真正的缺陷会再次出现,而且经过横波的扩散后近表面的缺陷信号变得更加清晰。

2.1.2.4 信号相位关系

当波束由一个高阻抗的介质传播到一个低阻抗的介质中时,在界面经过反射后的波束相位改变180°(例如从钢中到水中或从钢中到空气中)。所以,如果一个波束在碰到界面之前是以正向周期开始传播的,那么在通过界面反射后将变成以负向周期开始传播。

图2-4显示的是有缺陷的A-Scan。上尖端的缺陷信号就像底面反射信号一样相位变化了180°,比如上尖端的缺陷信号与底面反射信号相似,相位从负向周期开始。下尖端的缺陷信号就像波束在底部环绕,相位不发生改变。其相位与直通波信号的相似,比如二者的相位都是从正向周期开始的。有理论表明,如果两个衍射信号的相位相反,在信号之间一定存在一个连续不间断的缺陷,只有几种特殊的情况是上下尖端的衍射信号相同。因此,识别相位变化非常重要,识别了相位变化才能分析信号并算出更准确的缺陷尺寸。比如,工件中的缺陷是两个夹沙而不是一个裂缝,则这时信号没有相位变化。夹沙和气孔的尺寸都太小,一般不会产生分离的上下尖端信号。

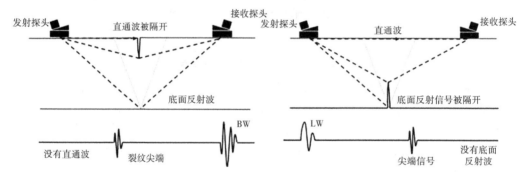

图2-4　有缺陷的A-Scan显示

由于信号可观察到的周期数很大程度上取决于信号的波幅,因此通常很难识别出信号的相位。对于底面回波情况更是如此,它由于饱和而更难得出其相位。在这种情况下,需要先将探头放置在检测样本或校准试块上,调低增益,使底面回波和其他难识别相位的信号都像缺陷信号一样具有相同的屏高,然后增加增益并记录随着相位的变化信号发生怎样的变化。一般这种变化最易集中在某两个或三个周期内进行。信号的相位对于得到TOFD非调整的数字化信号有着重要的作用。

2.1.2.5 深度计算

采用脉冲的到达时间并结合简单的三角函数关系可以计算出反射体的深度。但是,没有测量波幅的方法。通过对下表面裂隙信号的定位和底面尺寸的计算可以得出缺陷的真实尺寸。

如图2-5所示,由于两探头的信号是对称的,则在两探头之间的信号长度可以用式(2-1)计算:

$$L = 2(s^2 + d^2)^{1/2} \tag{2-1}$$

式中　　s——两探头距离的一半,mm;

　　　　d——反射信号的深度,mm。

可以计算出时间 t

$$t = 2(s^2 + d^2)^{1/2}/c \tag{2-2}$$

式中　　c——波的传播速度,mm/μs。

通过式(2-1)、式(2-2)可以计算出其深度

$$d = \left[(ct/2)^2 - s^2 \right]^{1/2} \tag{2-3}$$

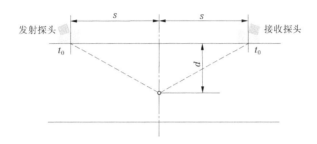

图 2-5　TOFD 基本参数

　　通过可观察到的信号可以计算出缺陷的深度,且一般认为裂缝在两探头之间对称的位置上。但是,通常的情况是裂缝并不在两探头对称位置上,这样算出的深度可能有误差(对沿着焊缝进行非平行扫查而言)。在大多数情况中,V 形坡口的焊缝里面偏离轴的缺陷深度误差很小,因此对上下尖端信号的定位可以忽略偏离轴带来的误差影响。在平行扫查中,不存在偏离轴的误差。

　　由于在发射和接收探头设置中,深度和时间的关系并不是线性的,而是呈平方关系的,所以软件需要经过线性化计算得出 B-Scan 和 D-Scan 的线性深度图。这样 B-Scan 和 D-Scan 在深度方向上是线性的,这对于做报告十分有用。在进行原始数据的分析时,时间轴上显示的数据对分析十分有利。在近表面区域中,反射信号在时间上的微小变化转化成时间可能变成较大的变化,这样,转化成线性的深度可以延伸近表面的信号,直通波的信号则可能在比例范围之外。深度的测量可以将指示曲线放在深度的数据上,读出曲线所在位置的深度。

　　非线性深度测量主要的影响是在近表面深度测量的误差变化更快。这是由于表面存在直通波和不断增大的深度误差,使 TOFD 无法测量近表面的缺陷,一般从 10 mm 深度开始扫查。但是,减小 PCS 或采用高频探头近表面的区域测量范围能够加大,不过覆盖面会减小。例如,采用 15 MHz 的探头和较小的 PCS,工件的表面可以检测到 1 mm 深附近。

2.1.2.6　时间测量和初始化 PCS

1. 深度校准

实际应用中,深度的计算需要考虑测量时间包括在楔块中的延时,这个延时表示为 $2t_0$,总的传播时间可以用下式表示为

$$t = 2(s^2 + d^2)^{1/2}/c + 2t_0 \tag{2-4}$$

深度的计算公式为

$$d = \left[(c/2)^2 (t - 2t_0)^2 - s^2 \right]^{1/2} \tag{2-5}$$

已知波速、探头中心间距(PCS)和探头的延时,就可以算出反射信号的延时。通过直通波和底面反射波的位置来求出波速和探头的延时,有助于减小任何因对称性引起的误差,包括 PCS 误差。

直通波出现的时间计算公式为

$$t_1 = 2s/c + 2t_0$$

底面反射波出现的时间计算公式为

$$t_b = 2(s^2 + D^2)^{1/2}/c + 2t_0$$

其中,D 为工件厚度。

将以上几个公式进行转换,得到探头的延时和波的传播速度,其中 $PCS = 2s$:

$$c = \frac{2(s^2 + D^2)^{1/2} - 2s}{(t_b - t_1)}$$

$$2t_0 = t_b - 2(s^2 + D^2)^{1/2}/c$$

因此,推荐在扫查前,将测得的 PCS 和工件厚度值输入,以便于计算深度。采用 B-Scan 和 D-Scan 测量深度时,首先用相关的软件计算出直通波和底面反射波出现的时间,计算机自动算出探头延时和波速,则在每一点的深度可以计算得出。显然,如果直通波或底面反射波的信号只有其中一个可以利用,波速或探头延时就必须输入程序。

在两个探头的中心点进行 PCS 的测量。测量各种信号的到达时间,由于不同信号的相位不同,为了得到最准确的深度值,必须考虑各种信号出现时间的位置。测量时间的点建议选在周期从正变成负时的过程中。B-Scan 和 D-Scan 的曲线指针可以显示数值,因而从正到负的点可以读出其数值,反之亦然。一般选择的点是幅值最接近零点的一点。

如果直通波从正周期开始,那么选择起始点作为测量位置。相应的时间点在底面反射波上也选择起始周期测量,因为底面反射波从负周期开始,相位与直通波相反。但是在实际工作中,底面反射波也可以从第二个负周期开始测量,因为第二个负周期的波幅更高,周期更多。第二个负周期在这点的时间被认为与直通波的时间相对应。对于裂隙的衍射信号,上尖端信号从第一个负周期开始测量,下尖端信号从第一个正周期开始测量。

2. 检测时 PCS 的初始化

对于一个新的非平行扫查,PCS 的最佳选择是超声波束打在工件厚度的 2/3 处。这样一般能够覆盖焊缝的大部分区域。如果波束在金属中的中心角度是 θ,聚焦深度在 3/2 处,则 PCS 为

$$2s = 4/3D\tan\theta$$

其中,D 为工件的厚度,s 为两探头入射点距离的一半。

当聚焦在某一个特定的深度(d)时,这样的情况在以后的章节将会做出说明。例如,平行扫查的 PCS 为 $2s = 2d\tan\theta$。

检查 A-Scan 采集的信号中正确的部分直通波的信号非常弱,而横波的底面反射波比纵波的底面反射波还要强,因此在直通波和底面反射纵波之后极易出现底面反射横波。通常要检查信号中直通波和底面反射波出现的时间,例如:

直通波: $t_1 = 2s/c + 2t_0$

底面反射波：
$$t_b = 2(s^2 + D^2)^{1/2}/c + 2t_0$$

2.1.2.7　缺陷波形特点

表面开口的缺陷将改变 TOFD 的 B-Scan 和 D-Scan。如果缺陷破坏了上表面,则对应的直通波信号会消失(见图 2-6)或波幅有很大的减小。如果缺陷的长度不是很长,直通波的信号将在缺陷的部分产生圆形。

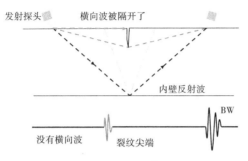

图 2-6　非平行扫查所得的上表面开口裂缝缺陷

非平行扫查所得的底面开口裂缝缺陷如图 2-7 所示。裂缝对底面的影响取决于裂缝的高度和探头覆盖的区域。

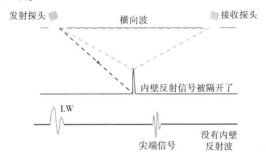

图 2-7　非平行扫查所得的底面开口裂缝缺陷

在底面偏上的金属内部区域存在裂缝时,底面波的信号几乎不发生变化。因为大部分的超声波束都通过了裂缝,如果裂缝离底面较远,底面波信号的波幅将减小,并产生下沉。下沉的原因是波束的末端将产生较长的反射路径并被接收探头所接收。最终,如果裂缝离底面信号足够远,那么底面反射波将被切断。

在扫查过程中,易出现探头与表面接触不良的现象,从而丢失信号。如果 A-Scan 中有两种信号丢失,则需删除信号重新检测(包括直通波和底面反射波),但是如果只是丢失一部分的信号,则可以继续进行分析检测。没有直通波只有底面反射波代表表面有开口裂缝,同样的,没有底面反射波而有直通波代表工件背面有开口缺陷。

2.1.3　TOFD 扫查类型

TOFD 主要有两种扫查类型:非平行扫查和平行扫查。最初的扫查通常用于探测,如图 2-8 所示为非平行或纵向扫查,因为扫查方向与超声波束方向成直角,扫查得到的图像称为 D 扫描图像。为了一次扫查能够大体积检测,这种扫查通常尽可能设成和波束的扩散一样宽。由于探头跨骑在焊缝上,焊缝盖帽不影响扫查。非平行扫查是非常经济的检测,可完成高频率扫描且经常只需一个人。扫查方向平行于超声波束方向,扫查得到的图像称为 B 扫描图像。由于它的产生是横越焊缝横截面。既然这样,如果有焊缝盖帽就很难执行扫查,可能只是限制移动。平行扫查在深度上提供很高的精度,将是最佳的目标。

　　在很多场合,因为需要迅速地完成检测,或者受到资金的限制,仅能执行非平行扫查进行检测。但是要想得到缺陷深度、高度、倾角,以及相对焊缝中心的位置等准确信息,有必要对非平行扫查发现的缺陷进行平行扫查。如果缺陷长,平行扫查将检测不同的点沿着缺陷长度。平行或横向扫查如图 2-9 所示。

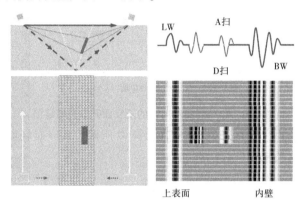

图 2-8　非平行扫查

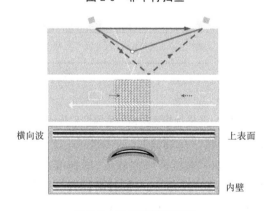

图 2-9　平行或横向扫查

2.1.4　衍射时差法检测结果的评定

　　检测人员通过图谱分析软件又称离线分析软件,分析 TOFD 扫查得到的图谱数据。图谱分析软件较 TOFD 主机上的应用软件要功能强大,一般具有以下主要功能:
　　(1)读取保存图谱的工艺参数。
　　图谱分析软件可读取打开图谱的所有工艺参数,方便用户判图和纠错。
　　(2)缺陷定量。
　　在 TOFD 图谱中,对缺陷位置和深度信息进行测量时,首先要进行校准,可通过直通或底面反射波进行校准,校准完成后,通过弧度光标拟合缺陷,可以得到缺陷长度方向和深度方向的准确信息。长度方向由扫查架上的编码器准确测量,可通过 TOFD 分析软件上的两根测量线,得到缺陷起始位置和缺陷长度;深度方向根据波束传播时间测量,通过两根测量线,得到缺陷离上表面的深度和缺陷自身高度。

(3)去直通波。

去直通波是数字信号处理的一种方式,通过以直通波作为参照,将变形的直通波拉直并去除,露出盖在直通波里的缺陷信号,是减小扫查面盲区的一种方法。

(4)合成孔径聚焦(SAFT)。

合成孔径聚焦是一种提高缺陷测长精度和改进横向分辨力的数据处理技术,其基本原理是将探头沿指定轨迹扫描,在等间距的若干点上发射声束,并接收和存储超声波信号,然后对各点上探头接收的信号进行处理。

(5)根据相应标准综合评级。

2.2　衍射时差法检测技术的优点和局限性

TOFD 是一项很强大的技术,不但能精确确定缺陷深度,而且适用于常规检查。各种工程评价证明,技术结合具有高检出率和低误报率。另外,简单的扫查使其在很多不同的结构上得到应用,包括复杂的几何结构,但 TOFD 像其他技术一样也具有一定的局限性。

2.2.1　衍射时差法检测技术的主要优点

TOFD 与常规脉冲回波有两个重要不同:缺陷衍射信号的角度几乎是独立的,深度尺寸定位和相应的误差不依靠信号振幅。因此,TOFD 的主要优势如下:

(1)TOFD 检测的定量精度为±1 mm,监测裂纹的增长能力为±0.3 mm。

(2)能够对各种方向的缺陷进行有效的检测。

(3)数字信号可以永久记录。

(4)无论是大缺陷还是小缺陷,对其都很敏感。

2.2.2　衍射时差法检测技术的主要局限性

TOFD 不像脉冲回波检测,缺陷的尺寸测量不依靠衍射信号的振幅,单一的振幅阈值不能用来选择重要缺陷。TOFD 容易检出气孔性缺陷、线性夹渣、掺杂物等。

TOFD 的主要局限性如下:

(1)不能通过波幅来判读和报告缺陷。

(2)所有的 TOFD 检测数据都需要进行分析才可写入报告。

(3)由于直通波的存在使近表面缺陷难以分辨,且近表面定量精度下降。

(4)底面回波的存在有可能将小缺陷隐藏其中而无法进行检测。

(5)采用相控阵或脉冲回波技术与 TOFD 结合使用,可将 TOFD 的盲区覆盖,从而将整个检测区域覆盖。

(6)TOFD 灵敏度过高会夸大焊缝中的非超标缺陷(尤其是点状缺陷),在实际工作中,需结合常规检测手段对缺陷进行多方面验证,以此防止误判和增加不必要的返修;同时,TOFD 图谱识别及判定需要检测人员经过专门的培训并积累相应的焊接及生产经验。

(7)不同缺陷的 TOFD 检测图像在特点、相位和波形随位置变化情况方面都各有差异,虽然据此特征可区分缺陷类型,但还必须具备大量的现场经验才能对缺陷进行正确定性分析。除此之外,在 TOFD 检测过程中,结合常规 UT 检测才能对缺陷进行更精确的定位及对缺陷性质进行估判。

2.3　衍射时差法检测相关标准

TOFD 的标准发展比较缓慢。本书整理了一部分国内外有关 TOFD 的检测标准,以下列举的是近年来在用的 TOFD 标准,其中也包括国内采用较为广泛的 JB/T47013.10 承压设备衍射时差法超声检测,以及欧盟、美国、日本等国家的标准。目前,国内外已发布的有关衍射时差法检测的技术标准有:

(1)BS7706:Guide to Calibration and Setting-up of the Ultrasonic Time of Flight Diffraction Techniaue for Defect Detection。

(2)ENV 583-6:Non-destructive Testing Ultrasonic Examination Part 6:Time-of-flight Diffraction Technique as a Method for Defect Detection and Sizing。

(3)CEN/TS-14751:Welding Use of Time-of-flight diffraction Technique(TOFD)for Examination of welds。

(4)NEN 1822 Acceptance Criteria for the Time of Flight Diffraction Inspection Technique。

(5)ASME code case 2235-9 Use of Ultrasonic Examination in Lieu of Radiography Section I and Section VITDivisions 1 and 2。

(6)ASTM E2373:Standard Practice for Use of the Ultrasonic Time of Flight Diffraction(TOFD)Technique。

(7)BS7006—1993:用于缺陷探测、定位和定量的超声衍射时差法的校准和设置指南(英国)。

(8)ENV583—6:2000:无损检测超声　第6部分:缺陷探测和超声波衍射时差法(欧盟标准)。

(9)CEN/TS—14751:2004:焊接超声波衍射时差法在焊接检测中的使用(欧盟标准)。在 ENV583 基础上进行了修订,德国等同采用后为 DIN CEN/TS—14751。

(10)NEN 1882:2005:超声波衍射时差法的检验验收准则(荷兰)。

(11)ASME code case2235(最早发布于 1996 年),现为 2005 版,特点在于验收规范提供的时间最早,提出可用自动超声检测技术。

(12)ASTM E2373—2004:采用超声波衍射时差法的标准实施规范(美国试验和材料协会标准)。

(13)NDIS 2423—2001:超声波衍射时差技术用于缺陷高度测量的方法(日本非破坏检查协会标准)。

（14）JB/T 47013.10：承压设备衍射时差法超声检测，国内 TOFD 检测，采用该标准较为广泛。

（15）DL/T 330—2010：水电水利工程金属结构及设备焊接接头衍射时差法超声检测，适用于水电金属结构 TOFD 检测。

2.4　衍射时差法检测应用及案例

应用 TOFD 检测技术对承压类特种设备焊缝进行检测，替代或部分替代射线（RT）检测将带来明显的经济效益，从直接效益来说，RT 检测费用主要由设备台班费、底片及洗片材料费、拍片及洗片人工费、放射源材料费（γ 射线检测）、射线作业时的防护材料及人工费构成，而 TOFD 检测就像 UT 检测一样只需发生设备台班费和检测人工费，且人工用量大大少于射线作业用量，因此 TOFD 检测直接费用比射线检测低。从间接效益来说，射线作业的辐射对人体危害大，射线作业与其他作业无法同时并行进行，并且作业占用时间长，对设备安装工期影响较大，而 TOFD 检测无辐射危险，可与其他安装作业并列进行，检测方便快捷，这样就间接提高了安装作业的生产效率，缩短了施工工期，降低了施工成本，产生了良好的经济效益。随着我国社会文明程度的提高，各行业对环保的要求也日益提高，采用 TOFD 检测技术替代或部分替代射线（RT）检测能够避免或减少射线对人体的伤害，减少 γ 源运输、储存、使用环境污染风险，体现以人为本的思想，推广运用该技术能取得良好的社会效益。

2.4.1　衍射时差法检测的应用范围

在承压类特种设备监督检验时，TOFD 检测可以减少制造残留缺陷，并能从根本上预防此类缺陷的产生。除此之外，该方法替代 RT 对火电站壁厚较大的主蒸汽管道实施监检、定检、无损检测时，不仅可防止危害性缺陷的漏检，还能避免射线对人体的伤害，减少施工干扰，缩短探伤工期，减少探伤成本，优化施工工序，具有很高的经济效益。

实现对被检构件中埋藏性缺陷长度、高度、性质及扩展性的定期监控，提高检测数据的可追溯性，保证承压类特种设备的安全使用。

《固定式压力容器安全技术监察规程》（TSG 21—2016）、《锅炉安全技术监察规程》（TSG G0001—2012）中已经将 TOFD 检测纳入正文，TOFD 检测技术将为承压设备安全状况等级的确定提供可靠依据，同时也为承压设备安全评估提供基础数据，为保证承压设备安全运行提供更科学、更可靠的保障。随着我国特种设备行业的发展，对安全环保的强调、对检测质量及成本的重视，TOFD 技术将越来越广泛地得到应用。

2.4.2　衍射时差法在实际应用中的检测案例

2.4.2.1　TOFD 检测在电站锅炉管道检验中的应用研究

1. 内部裂纹

某电站定检，主蒸汽管 Φ508×60 mm；UT 检测裂纹长度 L 为 85 mm，缺陷深度 h 为 35~40 mm，自身高度未进行测定；TOFD 检测结果如图 2-10（a）所示，裂纹长度 L 为 65

mm,缺陷深度 h 为 31.5 mm,自身高度 3.4 mm。

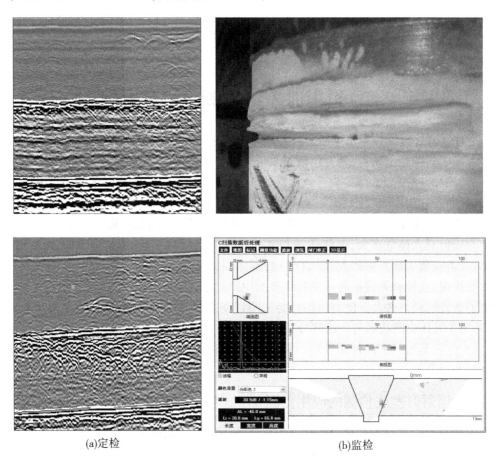

(a)定检   (b)监检

图 2-10 不同大小裂纹 TOFD 相控阵检测结果

某电站监检,主蒸汽管 Φ508×60 mm:UT 检测时,裂纹长度 L 为 55 mm,深度 h 为 45~50 mm,自身高度未进行测定;TOFD 检测结果如图 2-10(b)所示,裂纹长度 L 为 45.5 mm,缺陷深度 h 为 41.5 mm,自身高度为 2.8 mm。

2. 表面裂纹

某电站监检,主蒸汽管 Φ508×60 mm:MT 检测时,裂纹缺陷磁痕显示长度 L 为 25 mm,自身高度未进行测定;TOFD 检测及解剖结果如图 2-11 所示,缺陷长度 L 为 40 mm,缺陷深度 h 为 8.5 mm,自身高度为 8.5 mm;UT 检测时,采用 K1 探头,检测人员未发现该缺陷。

3. 根部未熔合

某电站定检,主蒸汽管 Φ508×60 mm:UT 检测时,检测人员发现该处异常,因接近根部未进行评定;TOFD 检测结果如图 2-12(a)所示,缺陷长度 L 为 105.5 mm,缺陷深度 h 为 56.5 mm,自身高度为 1.8 mm。

某电站监检,主蒸汽管 Φ508×60 mm:UT 检测时,检测人员发现该处异常,因接近根部未进行评定;TOFD 检测结果如图 2-12(b)所示,缺陷长度 L 为 145 mm,缺陷深度 h 为 56.3 mm,自身高度为 1.7 mm。

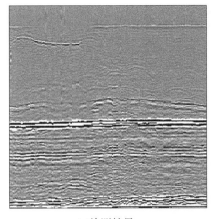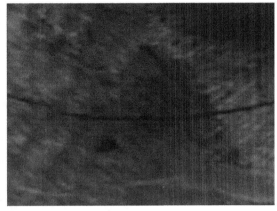

(a)检测结果　　　　　　　　　　　　　　　(b)解剖结果

图 2-11　表面裂纹 TOFD 检测结果及解剖图

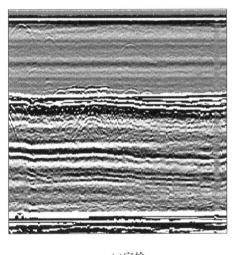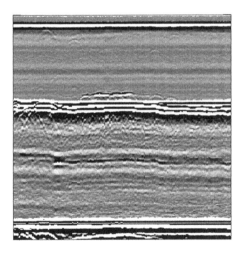

(a)定检　　　　　　　　　　　　　　　　(b)监检

图 2-12　不同程度根部未熔合 TOFD 检测结果

4. 密集气孔

某电站监检,主蒸汽管 Φ508×60 mm:UT 检测时,检测缺陷波幅宽杂乱,评定为密集气孔;TOFD 检测时,评定为密集气孔,TOFD 检测结果如图 2-13 所示,未进行返修处理。

某电站监检,主蒸汽管 Φ508×60 mm:UT 检测时,检测缺陷波幅宽杂乱,且超过判废线,评定为密集气孔;TOFD 检测时,评定为密集气孔,检测结果及返修处理解剖后缺陷如图 2-14 所示。

某电站监检,主蒸汽管 Φ508×60 mm:UT 检测时,检测缺陷波幅宽杂乱,评定为密集气孔;TOFD 检测时,评定为密集气孔,检测结果及返修处理解剖后缺陷如图 2-15 所示。

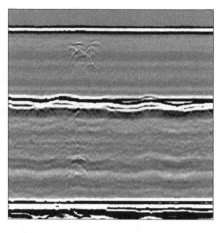

图 2-13　密集型气孔 TOFD 检测结果

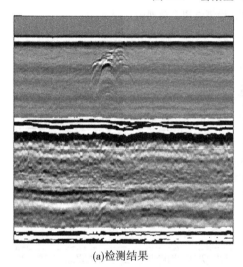

(a)检测结果

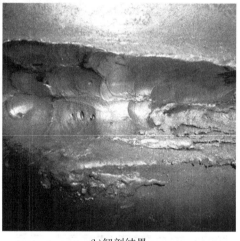

(b)解剖结果

图 2-14　TOFD 检测结果及焊缝解剖结果

5.断续气孔

某电站定检,主蒸汽管 Φ387×41 mm;UT 检测时,缺陷回波有多个高点;TOFD 检测结果如图 2-16(a)所示,评定为断续气孔,未进行返修处理,检测人员标注该位置,对其进行检修周期内监控。

2.4.2.2　TOFD 检测在压力容器检验中的应用研究

1. 夹层

某压力容器定检:UT 斜探头检测时,未发现该缺陷;TOFD 检测时,发现该处缺陷,检测结果如图 2-16(b)所示,进行 UT 直探头检测后发现为母材缺陷且波幅很低,缺陷面积较小,未进行处理,检测人员标注该位置,对其进行检修周期内监控。

某压力容器定检:UT 斜探头及直探头检测时,均未发现该缺陷;TOFD 检测时,发现该处缺陷,如图 2-17 所示,采用 TOFD 在母材检测时缺陷一致,未进行处理,检测人员标注该位置,对其进行检修周期内监控。

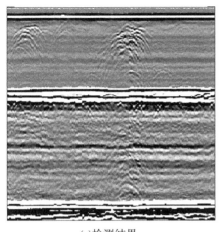
(a)检测结果

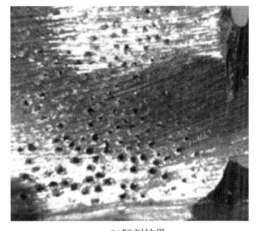
(b)解剖结果

图 2-15　TOFD 检测结果及焊缝解剖结果

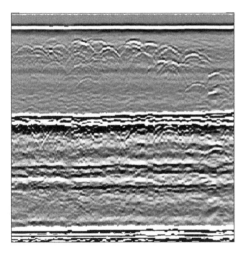
(a)断续气孔

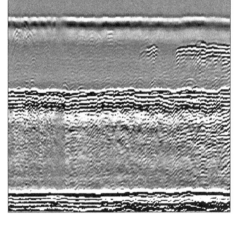
(b)夹层

图 2-16　断续气孔及夹层 TOFD 检测结果

2. 未熔合

某压力容器制造监检:UT 斜探头检测时,均发现该缺陷,但波幅较低,断续,以断续气孔确定,未进行处理;TOFD 检测时,如图 2-18 所示,发现该处缺陷,缺陷长度 64.5 mm,深度为 37.9 mm,自身高度 2.3 mm,进行解剖与 TOFD 检验结果相符。

3. 缺陷监测

河南省新乡市某企业 1 000 m³ 球罐,该球罐于 2008 年 8 月 15 日投入使用,球罐基本参数:容积为 974.00 m³,内径为 12 300 mm,厚度为 52 mm,主体材质为 16MnNiDR,设计压力为 2.7 MPa,最高工作压力为 2.5 MPa,设计温度为 50 ℃,工作温度为-19~60 ℃,工作介质为液氨,容器类别为Ⅲ类。2014 年 6 月进行首次全面检验,检验时检测人员通过 UT 发现一处缺陷,波幅及长度均超标(制造标准),初步认定为未熔合。缺陷长度为 188

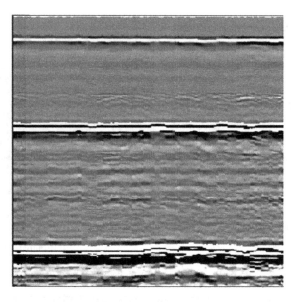

图 2-17 TOFD 检测结果

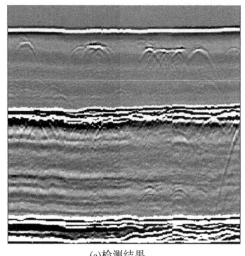

(a)检测结果 (b)解剖结果

图 2-18 未熔合 TOFD 检测结果及焊缝解剖结果

mm,若按《固定式压力容器安全技术监察规程》(TSG 21—2016)评级,则评定缺陷长度188 mm>球壳板厚度52 mm,评定为5级。TSG 21—2016 中8.1.6.1规定:在用压力容器的安全状况等级分为1级至5级,综合评定安全状况等级为1、2级的,一般每6年检验一次;安全状况等级为3级的,一般每6年检验一次;安全状况等级为4级的,监控使用,累计监控使用时间不得超过3年;安全状况等级为5级的,应当对缺陷进行处理,否则不得继续使用。

因企业实际工作情况所需,并通过对球罐使用风险的初步评估,课题组与企业协商对该球罐进行监控使用,全面检验周期定为3年,但每年对该部位进行 TOFD 检测监测,观察此缺陷的活动情况。2017年11月,对该球罐进行了全面检验。缺陷的指示长度、自身高度、埋藏深度均未明显变化,认定为非活动缺陷。具体 TOFD 检测监测图谱如图 2-19 所示。

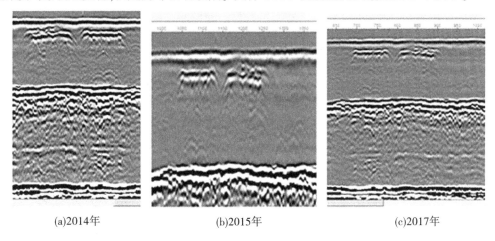

(a)2014年　　　　　　(b)2015年　　　　　　(c)2017年

图 2-19　超标缺陷在役 TOFD 检测图谱

4.内部裂纹

某企业 1 000 m³ 球罐,于 2012 年 10 月 10 日投入使用。球罐基本参数:容积为 1 000 m³,内径为 12 300 mm,厚度为 50 mm,主体材质为 16MnNiDR,设计压力为 2.7 MPa,最高工作压力为 2.5 MPa,设计温度为 50 ℃,工作温度为−19~60 ℃,工作介质为液氨,容器类别为Ⅲ类。2016 年 6 月进行首次全面检验,检验时检测人员通过 UT 及 TOFD 发现大量缺陷,初步认定为裂纹,经解剖确认,如图 2-20~图 2-22 所示。

图 2-20　球罐 TOFD 检测

5.近表面裂纹

某化工厂 5 000 m³2 号球罐,于 2013 年 5 月、6 月投入使用。球罐基本参数:容积为 5 000 m³,内径为 21 200 mm,厚度为 50 mm,主体材质为 Q370R,设计压力为 1.77 MPa,最高工作压力为 1.57 MPa,设计温度为 50 ℃,工作介质为液化石油气。

2016 年 5 月进行了首次全面检验,现场在球罐上环缝外表面 TOFD 检测时发现如下缺陷,进行了内部验证,确定为内表面开口裂纹,如图 2-23 所示。

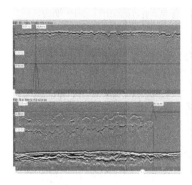 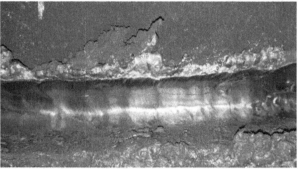

图 2-21　裂纹 1 TOFD 图谱及解剖

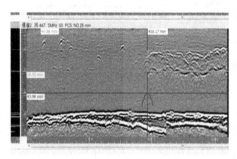 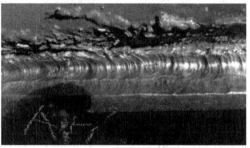

图 2-22　裂纹 2 TOFD 图谱及解剖

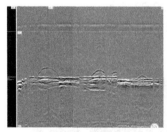 

图 2-23　裂纹 TOFD 图谱及磁粉检测

2.4.2.3　TOFD 检测在压力管道检验中的应用研究

　　用压力管道定期检验是及时发现和消除事故隐患、保证压力管道安全运行的主要措施。目前,工业管道定期检验起步较早,检验法规标准日趋完善,定检率不断提高。而公用管道和长输管道由于埋地、架空、穿越河流山川等原因,以及检验法规不全、检测手段落后,故定检率较低,也埋下较多的事故隐患。近几年,通过 TOFD 检测,可以在不破坏设备的条件下,有效地检测焊缝里的缺陷,如图 2-24 所示。

图 2-24　在役压力管道 TOFD 检测

第3章 相控阵超声检测技术及应用

3.1 相控阵超声检测技术原理

3.1.1 相控阵超声检测技术背景及发展历史

超声检测一般指超声波与工件相互作用,通过研究接收到的反射、透射和衍射波等,对工件进行宏观缺陷检测(超声探伤)、几何特征测量(如超声测厚)、组织结构(如超声测量材料晶粒度)和力学性能变化(如超声测应力)的检测和表征,并进而对其特定应用性进行评价的技术,包括超声波的产生、传播、与缺陷的相互作用、接收及信号处理等。表3-1从声信号产生、检测所利用的波形、检测方法和检测信号判读四方面对超声无损检测技术进行归类。

表 3-1 超声无损检测概览

项目	类型
声信号的产生	压电换能器(相控阵、单晶、双晶)、电磁超声、激光超声、敲击、爆炸、电子声、薄膜、空气声
检测利用的波形	横波(SV、SH)、纵波 Rayleigh 波、Lamb 波、Scholte 波、Stonely 波、Love 波 反射波、衍射波、散射波、模式转换波、泄漏波
检测方法	自发自收、一发一收、一发多收
检测信号判读	幅度法、时间法(TOFD、绝对声时法、相对声时法) 声学非线性信号、谐振频率法

相控阵超声技术的应用始于20世纪60年代,是借鉴相控阵雷达技术的原理而发展起来的。初期主要应用于医疗领域,医学超声(见图3-1)成像中用相控阵换能器快速移动超声波声束,对被检查器官进行成像(见图3-2),而大功率超声利用其可控聚焦特性局部升温热疗治癌,使目标组织升温并减少非目标组织的功率吸收。

工业检测中所用超声频率一般约为5 MHz,高于医学超声中约1 MHz,对设备要求更高。伴随着微电子技术、压电复合材料、数据处理分析、软件技术和计算机模拟等多种高新技术的不断发展,相控阵设备制造和检测应用取得不断进步,逐渐应用于工业无损检测中。第一批工业相控阵系统问世于20世纪80年代,形体极大,而且需要将数据传输到计算机中进行处理并显示图像。20世纪90年代出现了用于工业领域的便携式、电池供电的相控阵仪器。随着数字化时代的到来,低功耗电子部件的出现,更节电仪器结构的实现,以及表面安装式印刷电路板的设计等在工业领域中的广泛应用,促成了集电子设置、

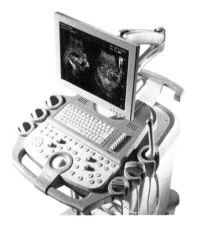

图 3-1　医用相控阵设备

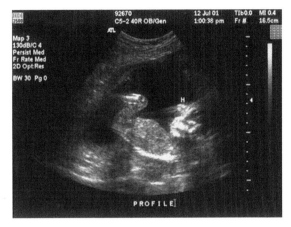

图 3-2　器官检查

数据处理、显示、分析于一体的便携式相控阵超声检测设备的进步,从而拓宽了相控阵技术在工业领域中的应用范围。

近年来,相控阵超声技术以其灵活的声束偏转及聚焦性能越来越引起人们的重视。国内外多家单位在相控阵检测软件平台的开发、检测仪器设备的研制和超声成像算法等方面进行了大量研究。其中,软件开发方面有加拿大 UTEX 公司的 Image3D、挪威 Oslo 大学信息学系的 Ultrasim、英国 NDTsoft 的 3D Ray Tracing、美国 Weidlinger 的 PZFLEX、加拿大 R&D TECH 的 Tomoview 等。在超声相控阵成像检测仪器设备方面,国外主要有以色列 SONOTRON NDT 公司、美国 GE 公司、日本 OLYMPUS 公司、英国 Technology Design 公司等致力研发相控阵检测系统设备,并且已经在各行各业无损检测领域得到了成功的应用。同时,国内也有多家机构在对相控阵超声检测设备进行研究与开发,如中国科学院声学研究所、北京航空航天大学等。相信随着该技术的推广使用,会有越来越多的无损检测人员使用上超声相控阵设备。

3.1.2　相控阵超声检测的基本理论

与常规超声检测比较,相控阵超声检测是常规超声检测的升级,它的主要优势在于一定范围内,声束灵活可控,所以常规超声可用的检测方法,如脉冲回波法、透射法、衍射时差法、合成孔径法等,以及可用的检测波型,如横波、导波、表面波等,一般也可以用相控阵超声检测技术实现,并基于相控阵超声检测的优势,对这些检测方法的局限性作进一步突破。

3.1.2.1　相控阵超声检测成像的原理

惠更斯原理指出,波阵面上的任一点(面源)都是一个次级球面波的子波源,子波的波速与频率等于初级波的波速和频率,此后每一时刻的子波波面的包络就是原波面在一定时间内所传播到的新波面。如图 3-3(a)所示,为惠更斯原理解释平面波的传播,平面波传播过程中,在声波面的面积有限的情况下,边缘的子波源发出声波向前传播,相互叠加,出现叠加加强或减弱,这样就出现了旁瓣,所以旁瓣是因为声源面积有限和子波源叠加产生的。如果是脉冲波,且脉冲足够短,则旁瓣会减弱,同时旁瓣的分布和强度也和声源面积有关。当波传播遇到障碍以后,则以障碍物尖端为新的波源,向周围传播,见

图 3-3(b),此即 TOFD 检测的基本原理。同样,如果遇到界面后,由于在另一介质中声传播速度的变化,引起声波传播方向的变化,即声波的折射,见图 3-3(c)。

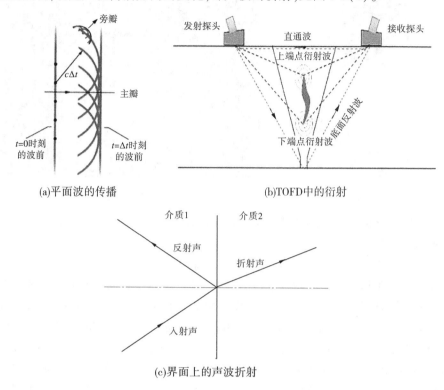

(a)平面波的传播　　　　　　　　　(b)TOFD中的衍射

(c)界面上的声波折射

图 3-3　声波传播中的惠更斯原理

图 3-4(a)中,$t=0$ 时刻的波面也可以是超声换能器的声辐射面,如果将该面分成很小的区域,每个区域都是一个独立的声辐射面,即晶片,通常称为阵元。通过外部电子电路控制其发射声波的时间,就会产生不同的波面,如图 3-4 所示,为延时产生偏转声波的原理,不同的延时可以产生不同角度的偏转声波。

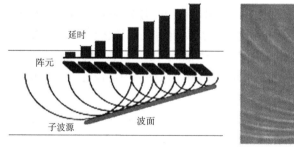

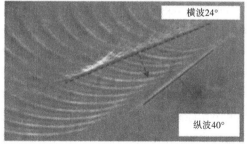

(a)延时产生偏转波原理　　　　　　(b)偏转波阵面在玻璃中的光弹像

图 3-4　相控阵超声偏转声场

相控阵探头的每个阵元连接一个独立的通道,这些通道通过一定的控制信号协同激励,产生相控阵超声波进行检测,每个通道连接一个阵元,形成一个独立的检测系统,可理解为一个常规超声检测,从这个意义上讲,相控阵超声检测相当于多个常规超声检测的综合,它们协同工作,产生灵活可控的相控阵超声检测声束。

如图 3-5 所示,一般情况下,在发射过程中,探测器将触发信号变换成特定的高压电脉冲,脉冲宽度和发射时间预先设定,阵元接收到电脉冲,产生超声波,相互干涉,形成偏转声波。声波遇到缺陷反射回来,接收回波信号后,相控阵按一定延时将接收到的信号回合在一起,形成一个脉冲信号,传送至探测器。所以,相控阵检测中包括发射声波的相控延时和接收信号的相控延时,通常情况下,是先进后出,即第 i 个通道最先发射,则该通道最后接收回波信号。

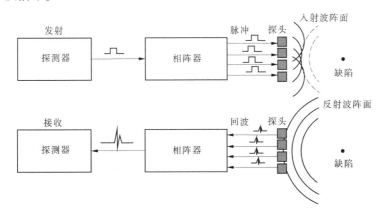

图 3-5 相控阵超声偏转声场

也可以控制各阵元的延时,产生聚焦声波,如图 3-6(a)、(c)所示,或产生偏转聚焦声波,如图 3-6(b)、(d)。

用普通单晶探头,因移动范围有限、声束角度范围固定,对远离声束轴的缺陷,以及延伸方向平行于声束轴的缺陷尤其是危害性较大的面状缺陷,很容易漏检。而相控阵超声探头产生的声波可以转向,大大提高了面状缺陷的检出率,如图 3-7 所示。

这里介绍的相控阵仅仅考虑了各个阵元不同时刻发射,即延时发射,其实各通道各阵元也可以用不同频率、不同幅度、不同波形、不同阵元大小、形状等组合,甚至可以多个通道、阵元组合,在激励信号作用下协同工作,如混频相控阵超声检测技术、动态变迹技术、子阵合成技术、自适应相控阵补偿技术等,这些都属于相控阵技术范畴,是相控阵概念的延伸。本书主要讨论不同延时情况下,阵元大小相等、激励信号相同的相控阵超声检测技术。

3.1.2.2 相控阵超声检测的延时计算

相控阵超声检测的延时分为发射延时和接收延时,一般情况下,同样的聚焦,发射延时中,阵元如果先发射,则接收时是后接收,即先发后收。相控阵超声检测中的延时一般通过检测设备软件提出偏转或聚焦要求,软件自动计算并代入激励和接收中。这里简单介绍几个常见的相控阵延时计算方法,对涉及的一些概念进行解释。这里只谈发射延时计算,接收延时和发射延时刚好相反,所以知道发射延时的计算后,就可以知道接收延时的计算。

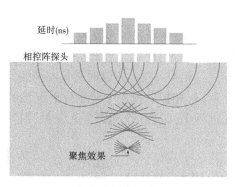

(a)相控阵超声垂直聚焦

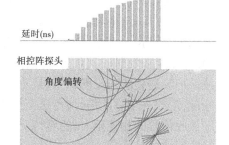

(b)相控阵超声偏转聚焦

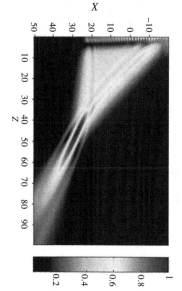

(c)仿真计算相控阵偏转聚焦声场

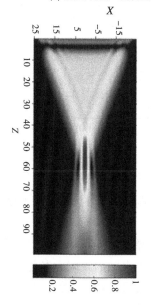

(d)仿真计算相控阵垂直聚焦声场

图 3-6　相控阵超声产生聚焦声场

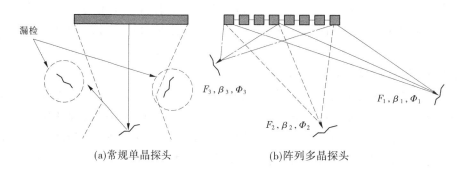

(a)常规单晶探头　　　　(b)阵列多晶探头

图 3-7　常规单晶探头和阵列多晶探头对多向裂纹的检测比较

　　当相控阵探头阵元为矩形,成线性均匀排列在同一平面上时,就形成一维线性相控阵探头,如图 3-8 所示,A 就是主动孔径(active aperture):

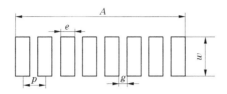

图 3-8　线性相控阵探头阵元分布

$$A = ne + g(n - 1)$$

式中　　A——主动孔径;

　　　　g——相邻晶片之间的间隙;

　　　　e——晶片宽度;

　　　　n——晶片数量;

　　　　p——相邻两晶片中心线间距;

　　　　w——晶片长度。

　　图 3-9 是一维线阵换能器通过延时控制而实现的声束偏转原理。如图 3-9(a)所示,如果各阵元同时受同一激励源激励,则其合成波束垂直于换能器表面,主瓣与阵列的对称轴重合。若相邻阵元按一定延迟时间 τ_s 被激励,则各阵元所产生的声脉冲亦将相应延迟 τ_s,这样合成的波不再与换能器阵所在平面平行,即合成波束传播方向不垂直于阵列平面,而是与阵列轴线成一夹角 θ,从而实现了声束偏转,如图 3-9(b)所示。根据波合成理论可知,相邻两阵元的时间延迟为

$$\tau_s = \frac{p\sin\theta}{c}$$

其中,c 为介质中的声速;τ_s 为发射偏转延迟。因此,可以通过改变发射偏转延迟 τ_s 来改变超声波束的偏转角度 θ。

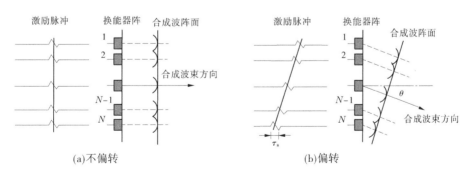

图 3-9　声束偏转原理

　　在发射聚焦声波的延时计算中,一般计算延时、声传播距离。

　　采用延时顺序激励阵元的方法,使各阵元按设计的延时依次先后发射声波,在介质内合成波波阵面为凹球面(对于线阵来说,则是弧面),在 P 点因同相叠加而增强,而在 P 点

以外则因异相叠加而减弱,甚至抵消。以阵列中心作为参考点,基于几何光学原理,使各个阵元发射声波在焦距为 F 的焦点 P 聚焦,所要求的各阵元的激励延迟时间关系为

$$\tau_{fi} = \frac{F}{c}\left\{1 - \left[1 + \left(\frac{B_i}{F}\right)^2\right]^{0.5}\right\} + t_0$$

其中,t_0 是一个足够大的常数,以避免出现负的延迟时间;第 i 个阵元到阵列中心的距离 $B_i = |[i-(N+1)/2]d| (i=1,2,\cdots,N)$。为发射 τ_{fi} 聚焦延迟,因此通过改变发射聚焦延迟 τ_{fi} 来改变焦距 F。

相控阵声束聚焦原理如图 3-10 所示。

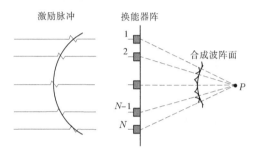

图 3-10　相控阵声束聚焦原理

3.1.2.3　相控阵超声检测声场特性——主瓣、旁瓣和栅瓣

和常规超声一样,因为波面有限,连续波在传播过程中相互干涉,会产生旁瓣(Side Lobes),将声场分为旁瓣和主瓣(Main Lobes)两部分,脉冲越短,旁瓣越小;距离换能器越远,旁瓣越小。

如图 3-11 所示,相控阵探头阵元发射波列向前传播,可以用沿不同方向的声线表示传播的超声波,沿角度 θ 方向传播的波,如图 3-11 中虚线所示,第 $i+1$ 个阵元辐射的前一个波面和第 i 个阵元辐射的后一个或者后面第 n 个波面叠加,使 θ 方向声波加强,则产生栅瓣(Grating lobes)。

所以,从物理原理来讲,如果脉冲足够短,即使探头设计不当,也不会产生栅瓣,如图 3-12 所示。图 3-12(a)是采用连续波理论计算的声场指

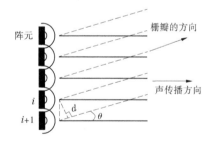

图 3-11　栅瓣的形成机制

向性图,从图中可见,在 −24° 方向有很强的栅瓣;图 3-12(b)为同样条件下,采用短脉冲激励的声场仿真结果,从图中可见,声场中不存在栅瓣。

图 3-13 是两种不同情况下声场中产生栅瓣的情况,从栅瓣的形成机制来看,栅瓣的能量可能很大,甚至大于主瓣能量,对检测影响很大。

相关理论证明,在超声无损检测中,只要相控阵探头的阵元间距 p 不大于半波长,就不会产生栅瓣。

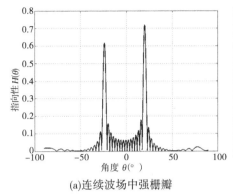

(a)连续波场中强栅瓣

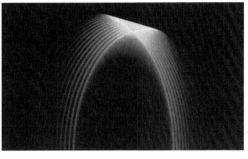

(b)脉冲波仿真声场中没有栅瓣

图 3-12　连续波和脉冲波激励的比较

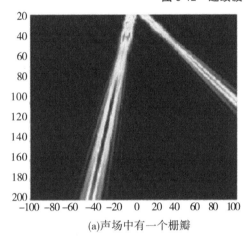

(a)声场中有一个栅瓣

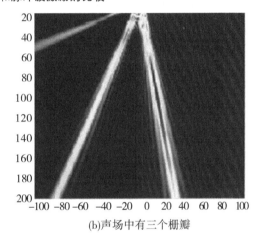

(b)声场中有三个栅瓣

图 3-13　含有栅瓣的声场分布

　　由以上分析可知,主瓣和旁瓣是声场本身的性质,只要是有限大小波源辐射超声场,就一定存在旁瓣、主瓣,一般情况下,旁瓣对检测影响不大,不会形成明显的伪像,检测中不可能消除旁瓣,但可以设法减小旁瓣的能量;而栅瓣是因为阵列探头布置不当引起声波干涉形成的,会造成伪像,设计检测探头和工艺时,应避免产生栅瓣。

3.1.2.4　相控阵超声检测常用扫描和显示方法

　　在相控阵出现之前,确定探头检测时,声束不能改变,所以扫描和扫查属于同一概念。但相控阵出现后,在探头不动的情况下可以改变或移动声束。所以,改变检测声束时,根据探头是否移动区分扫描和扫查。扫描:不改变探头位置,通过电子方式改变检测声束。扫查:探头位置改变。所以,扫查按照探头行走的路径有线性扫查、栅格扫查、锯齿扫查;按照自动化程度分为人工扫查、半自动化扫查和自动化扫查。

　　另外,聚焦法则(Focal Law)是相控阵超声检测中一个非常重要的概念,是指得到一个检测波形的所有软件和硬件设置,包括频率、阵元大小、延时等。不同的检测和扫描方式需要不同的聚焦法则进行检测,其结果也有多种显示形式,包括相控阵超声检测成像。相控阵超声检测成像是检测波形处理的结果,在一定程度上体现了缺陷的一些信息,这种超声像不是缺陷的实际形貌像。下面介绍几种常见的相控阵超声检测方法和结果显示方式。

1. A扫描显示

A扫描是所有相控阵超声成像的基础。和常规超声中的A扫描显示相同,它将超声信号的幅度与传播时间(声程)的关系以直角坐标形式显示出来,一般横坐标表示时间,纵坐标表示幅度,以回波时间定位缺陷,以回波波形形式推测定性缺陷,以回波幅度结合回波形式判定缺陷。A显示同样有射频信号和检波(整流)信号两种形式,如图3-14所示。其中,检波信号是将射频信号进行整流所得,即取波的绝对值,所以射频信号含有相位信息,而检波信号没有。在关注相位的TOFD检测中用射频信号,而在关注回波幅度的脉冲回波法检测中,主要关注波幅信息,采用检波显示,将时基线移至屏幕下方,可增大可观测范围。校准曲线的制作方法,因使用仪器不同而不同。

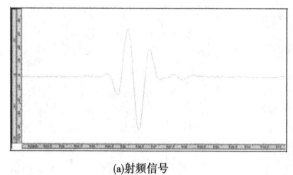 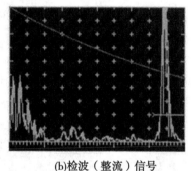

(a)射频信号　　　　　　　　　　(b)检波(整流)信号

图3-14　A型显示

目前所用的相控阵超声检测设备一般采用数字信号,以便于处理和存储,这就需要将换能器采集到的模拟电压信号进行数字化、离散化。如图3-15(a)为模拟信号,首先按照设定的时间间隔进行取样,得到t_0、t_1、t_2、…时刻的电压,将连续信号变成时间离散、幅值连续的取样信号,如图3-15(b)所示。这里取样的时间间隔及采样周期,它的倒数就是采样频率;这里的幅值连续是指取样点的幅值仍然与对应的模拟信号相同。采样后,得到对应时间点上信号的值,用该值除以一个量化单位并取整,再对该整数进行编码,得到时间离散、数值也离散的数字量,如图3-15(c)所示。

采样频率越大,量化单位越小,得到的数字信号越接近模拟信号,但这样就增大了数据量,不便于存储和处理,所以应用中需要选择合适的采样频率和量化单位。采样频率可以相同,也可以在不同的时间段内不同,如在需要检测部分采样频率高,而在不需要检测且超声经过的部分,采样频率低。但采样频率至少必须大于-6 dB上限截止频率的2倍,才可能保证信号不失真。

相控阵超声检测中,一个A扫描信号可以是发射一次超声波,接收后形成的A扫描信号,将其存储起来,待该A扫描检测结束后再于同样的位置、同样的方式发射信号,接收形成第2个A扫描信号,以此类推形成n个A扫描信号,将这n个A扫描信号平均后形成一个最终的A扫描信号显示出来,n即信号平均次数,信号平均次数越多,对噪声抑

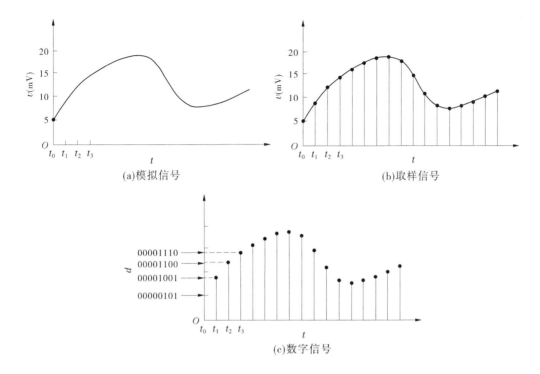

图 3-15 模拟信号的数字表示

制效果越好,但检测速度就越慢。平均处理后的信噪比 SNR_a 与平均处理前的信噪比 SNR_s 及平均次数 n 的关系为

$$SNR_a = n^{0.5}SNR_s$$

目前,相控阵超声检测中平均次数 n 为 1,即不平均。实际检测中为提高信噪比,可以选择合适的信号平均次数 n。在检测中,脉冲发射后声波在介质中传播,衰减,只有当声波衰减到足够弱,以至于不影响下一次检测,需要时间 Δt_1。另外,采集到的 A 扫描信号经过模数转换、存储、设备复位等需要时间 Δt_2,至此,一次激发和数据采集完成,可以进行下一次 A 扫描激发。两次连续激发的时间差为脉冲重复周期,它的倒数即脉冲重复频率(Pulse Recurrence Frequency,简称 PRF),所以脉冲重复周期必须大于 Δt_1 与 Δt_2 之和。

A 信号采集的过程中,容易被噪声干扰,所以一般都需要滤波。这里的滤波和 TOFD 中的滤波相同,一般建议滤波采用带通滤波,滤波下限为检测信号中心频率的一半,滤波上限为检测信号中心频率的 2 倍。

相控阵超声检测一般将检测结果以图像的形式显示出来。同样的缺陷,距离探头越远,则回波幅度越小,所以检测中为了让不同位置的相同缺陷显示相同大小的回波幅度,即在图像中显示相同的颜色,就需要对检测设备进行校准,此即时间增益修正(Time Corrected Gain,简称 TCG)曲线,和常规超声中的 TCG 曲线类似。另外,DAC(Distance Amplitude Curve)曲线,和常规超声中的 DAC 概念相同,用来辅助缺陷判定。

如果将 A 扫描信号的横坐标用一系列点表示,每个点对应一个采样点,即对应某个时刻,将该时刻的信号大小用不同灰度表示出来,例如信号越大,该点就越黑,这样就将一条 A 扫描曲线转换成一条黑白相间的灰度线;如果将信号的大小用彩色表示,即不同的信号大小对应不同的颜色,就可以得到一条包含 A 扫描所有信息的彩色直线,如图 3-16 所示。

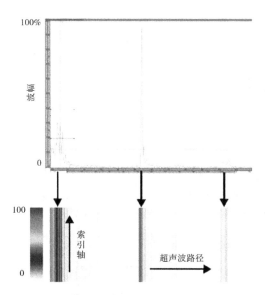

图 3-16　彩色编码 A 显示检测信号,用于创建彩色 B 显示、S 显示等

2. 扇形扫描和 S 扫描

扇形扫描(Sectorial scan)又称 S 扫,分为扇形扫描检测和扇形显示。采用同一组阵元和不同聚焦法则得到不同折射角的声束,在确定范围内扫描被检测工件,即扇形扫描检测。检测结果的所有角度 A 扫描信号转换成彩色直线按照折射角排列,就得到扇形显示,也称为 S 显示,如图 3-17 所示。如图 3-17(b)所示为一坡口未熔合的检测成像结果。S 显示是相控阵特有的显示方式,可以是纵波、横波、导波等,可以装在斜楔上,也可以水浸或直接接触。扇形扫描的成像是被检测工件所检测区域的横截面图像。

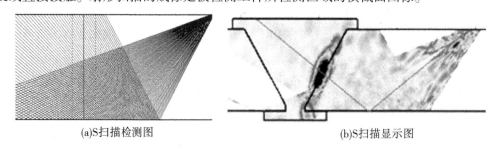

(a)S扫描检测图　　　　　　　　　　　　(b)S扫描显示图

图 3-17　扇形扫描

相控阵通常采用以下这两种扇形扫描形式。第一种,和医用成像技术非常相似,通过一个 0°的直楔块产生纵波偏转,从而创建一个饼状的图像。这种扫描方式主要用于发现层间缺陷及有微小角度的缺陷,如图 3-18 所示。

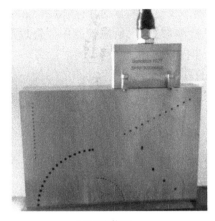
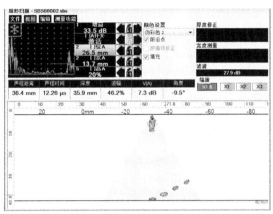

(a)试验装置 (b)扫描结果

图 3-18 相控阵超声检测中 -30°~ 30°扇形扫描

第二种,通过一个有角度的有机玻璃楔块用于增大入射角度从而产生横波,产生横波的角度通常为 35°~80°,如图 3-19 所示。这种技术与常规超声的斜入射检测类似,区别就在于相控阵所产生的是一系列角度的偏转,而常规超声检测只能产生某个固定角度的声束。

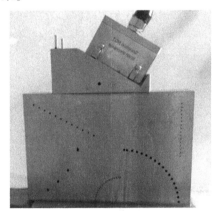

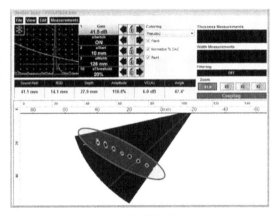

(a)试验装置 (b)扫描结果

图 3-19 带斜楔的相控阵超声检测中 38°~ 70°扇形扫描

扇形扫描是相控阵设备独有的扫描方式。在线性扫描中,所有的聚焦法则都是按顺序形成某个固定角度的阵列孔径。而扇形扫描则是通过一序列角度产生固定的阵列孔径和偏转。

相控阵超声扇形扫描可以在不改变探头位置的情况下,通过改变激励延时控制声束偏转,实现对检测区域的全覆盖,提高检测效率;也可以检测常规探头不能检测到的区域,对检测复杂几何外形的工件有较好的效果。但是,同样的缺陷采用不同角度声束检测时,其回波大小不同,为了使同一缺陷在不同声束角度下的回波大小相同,就需要对设备进行校准,做角度增益补偿(Angle Corrected Gain,简称 ACG)曲线,即使扇形扫描角度范围内不同角度的声束检测同一深度相同尺寸的反射体回波幅度等量化的增益补偿。扇形扫描的主要参数包括起始角度、终止角度和角度步进(每隔多少度做一次 A 扫描检测)。一般情况下,角度步进越小,检测效果越好,但同时增加了检测数据量,所以检测中要合理设置角度步进。一般要求相邻两次检测的声束有 50% 的重叠。

事实上,扇形扫描是实时产生的,所以随着探头的移动将持续产生动态的图像。这在很大程度上提高了缺陷的检出率,同时实现了缺陷的可视化。一次检测使用多个检测角度尤其可以提高随机的不同方向缺陷的检出率。

3. 电子扫描和 E 型显示

电子扫描(Electronic Scan)又称为 E 扫描,分为电子扫描检测和电子扫描显示。采用不同的阵元晶片和相同的聚焦法则得到的声束,在确定范围内沿相控阵探头长度方向扫描被检测工件,即 E 扫描检测。如图 3-20(a)所示,将每一次检测得到的 A 扫描信号按照被激励阵元的中心排列,即形成 E 扫描显示。如图 3-20(b)所示为 T 形接头,有坡口未熔合缺陷,将探头置于翼板上,每组激发 20 个阵元,每次移动一个阵元,得到检测 E 扫描显示,见图 3-20(c),由图中可以看出未熔合的两个尖端的衍射波。

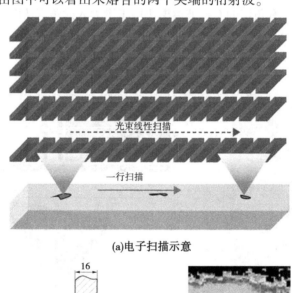

(a)电子扫描示意

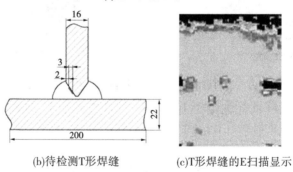

(b)待检测T形焊缝　　　　　(c)T形焊缝的E扫描显示

图 3-20　电子扫描　(单位:mm)

实际扫描中,因为电子声束的变化是实时的,从而在探头移动时可以实时地产生连续的横截面扫描图像。如图 3-21 所示的是一个 64 晶片线性相控阵探头扫查的实时图像。每个聚焦法则采用 16 个晶片的阵列孔径,产生脉冲的开始,晶片以 1 进行递增,每 16 晶片产生一个脉冲。这样就产生了 49 个独立的波形,这些波形一起产生了沿着探头晶片排列方向(长度方向)的实时的横截面成像。

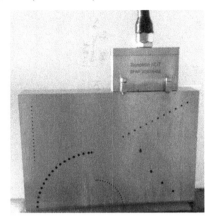 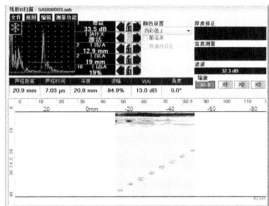

(a)试验装置　　　　　　　　　　　　　　(b)扫描结果

图 3-21　64 阵元线性扫描

同样,相控阵传感器也可以产生有角度的声束。采用 64 晶片线性传感器及斜楔块,可以产生有角度的横波,角度可以由用户自己定义。此时在某一固定探头位置就可以检测整个焊缝位置,不需要像常规超声检测一样锯齿形地移动探头进行检测。

4. B 显示、C 显示、D 显示和 P 显示

B 显示、C 显示、D 显示及由此三者构成的 P 显示,都是检测结果的二维显示形式,如图 3-22 所示,包含了 B 显示、C 显示和 D 显示。下面对每种显示方式进行简要说明。

B 显示是一个二维显示。所显示的是与声束传播方向平行且与工件的测量表面垂直的剖面,如图 3-22 所示。图 3-23 即 B 扫描图像形成方式,图中 x 为探头移动方向,当探头在位置 x_1 处检测得到图像 1,其在检测区域中 A_1 点的幅度值为 A_1,然后探头移动到 x_2 处检测得到图像 2,其在检测区域中 A_2 点幅度为 A_2,以此类推,得到图像 x_n 和 A_n,B 扫描图中对应 A 点的值为 A_1、A_2、$\cdots$、A_n 之和。变换 A 点位置得其他点的值,最终得到 B 扫描图,所以一次完整的检测中,每个位置的检测结果都参与了 B 显示的计算。所以,从 B 显示中可以方便地看出检测区域内是否存在缺陷及缺陷的部分位置信息。

C 显示即图 3-22 中的俯视图,D 显示为图 3-22 中的左视图,C 显示和 D 显示的构成方式和 B 显示类似,在此不再赘述。

P 显示(P scan)是指将扫查结果以线性理论为基础,计算后以主视图、俯视图和左视图的形式显示。

5. 3D 显示

通过软件算法将扫查所得到的正视图、俯视图、左视图合成为 3D 模拟图像显示,如图 3-24 所示。

3.1.2.5　相控阵超声检测中几个常用基本概念

本节介绍相控阵超声检测中几个常用基本概念,其中线性扫查、锯齿扫查、沿线栅格扫查和常规超声中的概念相同。

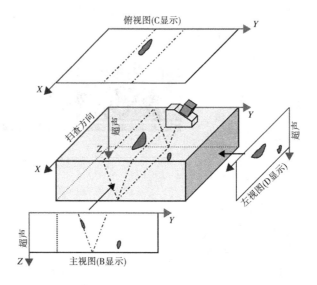

图 3-22　超声扫查图像显示

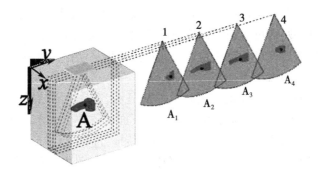

图 3-23　超声扫查图像显示构成示意

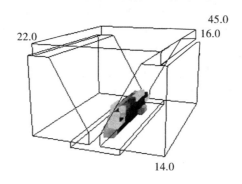

图 3-24　3D 显示

　　线性扫查:相控阵超声检测焊缝时,探头在距离焊缝中心线一定距离的位置上,平行于焊缝方向进行移动的扫查方法,如图 3-25 所示。线性扫查中,探头的移动轨迹可以是直线,也可以是沿圆柱的周线。线性扫查在相控阵超声检测对接焊缝中比较常用。

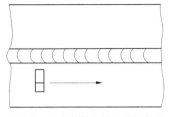
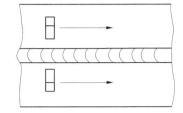

(a)采用一个相控阵探头的线性扫差　　　(b)采用两个相控阵探头的线性扫差

图 3-25　线性扫查

探头位置:焊缝的相控阵超声检测中,探头前端到焊趾线的距离为探头位置。

锯齿扫查:斜探头垂直于焊缝中心线放置在检测面上,探头前后移动,其轨迹为锯齿形,每次前进的齿距不能过大,要保证声束 50%的重叠。

沿线栅格扫查:即探头移动轨迹是栅格形,同样要保证声束重叠 50%。

固定角度扫查:采用特定的聚焦法则形成固定角度的声束,不需要声束移动,而是通过锯齿形移动或栅格形移动相控阵探头进行检查。此时,相控阵超声探头类似于常规单一角度的超声探头,这样的检测也类似于常规超声检测。

相控阵超声检测的扫查方式多种多样,如前后、左右、转角、环绕扫查、螺旋式扫查、分区检测等,检测中根据需要选择合适的扫查方式进行检查。

相控阵超声检测中,检测结果以图像形式显示,所以就出现按声程显示和按实际几何结构显示两种显示形式,见图 3-26。

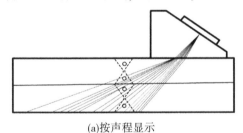

(a)按声程显示　　　　　　　　　　(b)按实际几何结构显示

图 3-26　显示方式

最后,相控阵超声检测中设计的基准灵敏度(Reference Sensitivity)和扫查灵敏度(Scanning Sensitivity)与常规超声中的概念相同,前者指将参考试块中人工反射体的回波高度或被检工件底面回波高度调整到某一基准时的增益值,后者指在基准灵敏度基础上,根据工艺验证,确定实际检测的灵敏度。

3.2　相控阵超声检测技术的优点和局限性

3.2.1　相控阵超声检测技术的主要优点

除具有传统超声检测方法的诸多优点外,超声相控阵检测可以利用纵波、横波、界面波和导波等多种波形进行检测,且穿透能力强,检测对人体无害等。相控阵超声检测技术用于无损检测还有以下几方面独特的优点：

（1）采用电子方法控制声束聚焦和扫描，检测灵活性和检测速度大大提高：①检测超声波束方向可自由变换；②焦点可以调节甚至实现动态聚焦；③探头固定不动便能实现超声波扇扫或线扫；④相控阵技术可进行电子扫描，比通常的光栅扫描快一个数量等级。

（2）具有良好的声束可达性，能对复杂几何形状的工件进行探查：①用一个相控阵探头，就能涵盖多种应用，不像普通超声探头应用单一有限；②对某些检测，可接近性是"拦路虎"，而对相控阵，只需用一个小巧的阵列探头，就能完成多个单探头分次往复扫查才能完成的检测任务。

（3）通过优化控制焦点尺寸、焦区深度和声束方向，可使检测分辨力、信噪比和灵敏度等性能得到提高。

（4）通常不需要辅助扫查装置，探头不与工件直接接触，数据以电子文件格式存储，操作灵活简便且成本低。

（5）仿真成像技术：能解决复杂几何构件的检测难题，现场实时生成几何形状图像，轻松指出缺陷真实特征位置，成像由各声束 A 扫数据生成，实际检测结合工艺轨迹追踪，可用于所有形式的焊缝检测，同步显示 A 扫描、B 扫描、S 扫描、C 扫描、D 扫描、P 扫描、3D 扫描数据。如图 3-27 所示即为利用 3 MHz、8×8＝64 阵元相控阵对铝块内一直径为 2 mm 的规则通孔进行三维超声成像的结果。

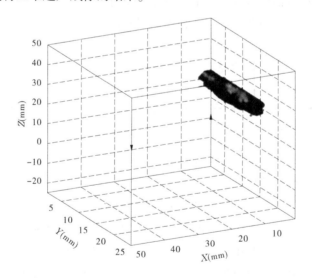

图 3-27　铝块上 75 mm 深度处一个直径为 2 mm 的规则通孔的三维超声像

相控阵超声检测焊缝时，常用相控阵换能器发射纵波，经楔块转换为横波在工件中传播，采用自发自收方式接收回波，通过回波幅度对缺陷判定。所以，相控阵超声检测技术是超声检测技术大家族中的一员，它具有超声检测的基本优势：

（1）适用范围广：适用于金属、非金属、复合材料等多种材料的检测。

（2）穿透能力强，可检测厚度范围从几毫米到几米。

（3）缺陷定位准确。

（4）对危害性较大的面型缺陷检出率高。

（5）可同时检测表面和内部的很小缺陷。

（6）检测无辐射。

同时，相控阵超声检测又突破了常规超声检测技术的一些局限性，如可以对某些复杂形状或不规则外形的工件进行检测，检测更加灵活，可靠性更好，检测结果可以图像化显示、直观，且可记录。最后，相控阵超声检测在根本上存在着超声检测本身的一些局限性：对缺陷不能精确定性；缺陷位置、取向和形状对检测影响较大；工件材质、晶粒度会影响检测等。

3.2.2　相控阵超声检测技术的主要局限性

相控阵超声检测技术的局限性及其对策如表 3-2 所示。

表 3-2　相控阵超声检测技术的局限性及其对策

序号	问题	细节	制造对策
1	设备昂贵	1. 硬件比常规 UT 贵 10~20 倍； 2. 备件高价； 3. 软件很多，升级费用较高	1. 硬件设计小型化，包括类似于常规超声的结构特点； 2. 生产线标准化； 3. 价格降为常规 UT 的 2~8 倍； 4. 限制软件升级
2	探头昂贵，且生产周期较长	1. 要求仿真； 2. 价格比常规探头贵 12~20 倍	1. 发布探头设计指南，更新 PA 探头及其应用手册； 2. 使焊缝检测、腐蚀检测、锻件检测和管道检测探头制造标准化； 3. 探头价格拟降为常规探头的 3~6 倍
3	要求操作者具有超声高级知识，且操作非常熟练	1. 是一项涉及计算机、机械、超声波和绘图技能的多学科技术； 2. 对大规模检测，人力是个大问题；缺少相控阵超声检测技术的基础培训	1. 建立不同等级的知识和专业课程及取证培训中心； 2. 发行有关相控阵应用的高级 NDT 实践系列丛书
4	校验挺复杂，且耗时长	1. 要求对探头、系统进行多种校验； 2. 有关功能必须定期例行检查，但需花费大量时间	1. 要培养和引进仪器、探头及总体系统的校验高手； 2. 开发定期校验系统完整性的装置和专用配置； 3. 校验程序标准化

续表 3-2

序号	问题	细节	制造对策
5	数据分析和绘图标图很费时	1. 缺陷数据的冗余度使缺陷评定分析很费时; 2. 许多信号是多重性的,对 A 扫描可能要求做分析处理; 3. 时基采集、数据测绘很费时	1. 根据具体特性(波幅、在闸门中位置、成像、回波动态图),开发自动分析工具; 2. 开发有直接采集和测绘能力的 2D 和 3D 成像模式; 3. 将声线示踪法结合边界条件和波形转换法,列入分析工具
6	方法不标准	1. 由于相控阵技术的复杂性,该技术要与现有标准融为一体,有一定难度; 2. 完整的相控阵标准暂无; 3. 检测工艺专用性强	1. 积极参与国家和国际标准化委员会工作(ASME、ASNT, API、FAA、ISO、FN、AWS、EPRI、NRC); 2. 简化校验程序; 3. 为现有法规创建基本设置; 4. 根据操作演示方案,通过"盲试"或"亮试"(答案不告知或告知),验证系统特性; 5. 为设备更新创建导则; 6. 制定通用工艺

3.3　相控阵超声检测相关标准

目前,国内外已发布的有关相控阵超声检测的技术标准有:

(1) ASTM E2700—09:《Standard Practice for Contact Ultrasonic Testing of Welds Using Phased Arrays1》。

(2) ISO13588—2011:《Non-destructive testing of welds-Ultrasonic testing-Use of (semi-) automated phased array technology》。

(3) SYT 6755—2009:《在役油气管道对接接头超声相控阵及多探头检测》。

(4) ASTM E2491—09:《Standard Guide for Evaluating Performance Characteristics of Phase-Array Ultrasonic Testing Instruments and Systems》。

(5) JJF 1338—2012:《相控阵超声探伤仪校准规范》。

(6) GB/T 32563—2016:《无损检测　超声检测　相控阵超声检测方法》。

(7) DB12/T 760—2018:《钢制承压设备焊接接头的超声相控阵检测》。

(8) DL/T 1718—2017:《火力发电厂焊接接头相控阵超声检测技术规程》。

其中,ASME 规范从 2007 年到 2013 年,不断丰富 PA-UT 的内容。2007 版提出在 TOFD 检测中可以应用相控阵超声探头。2010 版标准允许应用相控阵超声进行检测,对利用线阵探头的人工光栅检测技术(固定角度、E 扫描、S 扫描)进行了说明,详细规定了检测要求,收入 ASTME-2700 和 ASTME-2491 标准。2013 版对 2010 版内容进一步完善,并增加了名词解释。

在国内特检行业,伴随着中国承压设备检测研究院企标《钢制承压设备焊接接头的相控阵超声检测》的出现,《承压设备无损检测　第 15 部分:相控阵超声检测》(NB/T 47013.15)征求意见稿的发布及报批稿的提交,以及电力行业检测标准《火力发电厂焊接接头相控阵超声检测技术规程》(DL/T 1718—2017)的出台,PA-UT 已经开始越来越多地代替射线和常规超声应用于各个行业中,创造了巨大的经济效益和社会效益。

3.4　相控阵超声检测应用及案例

相控阵超声检测设备朝着检测分辨力越来越高、检测自动化、设备便携化方向发展,检测实时性能力不断提高,促使数据快速处理等方向发展。自适应聚焦、编码发射、数字声束的形成和二维相控阵技术可以明显提高检测波束成形。为此,具有较精确的延时分辨力和较多通道数的高速相控阵检测设备是目前高端设备研究的一个重要方向,同时需要考虑满足相控阵端点衍射、相控阵导波等多种方法综合应用的检测要求。研制适于现场应用的便携设备进行半自动或自动化检测也是目前相控阵检测设备发展的一个重要方向。

伴随着设备性能的不断提高,现代信号处理技术的发展,和大数据、人工智能的进步,各种检测方法不断出现,如全矩阵采集、相控阵联合 TOFD 检测、相控阵导波、相控阵与非线性结合进行检测。随着相控阵超声检测技术的不断应用,现场使用案例的积累及各项检测标准的不断出台与完善,都大大推进了相控阵超声检测技术的发展和应用。

目前,相控阵超声检测技术处于从实验室走向现场工程应用的关键阶段。在国内阻碍相控阵大面积展开的主要原因是没有形成统一的行业标准。所以,急需进一步探索新的检测方法、研究和验证检测工艺、测量和评价检测设备,建立新的检测标准和设备性能的评价方法和标准。

3.4.1　相控阵超声检测的应用范围

目前,相控阵超声检测技术在工业上已有相当广泛的应用探索:①核工业和航空工业等领域。如核电站主泵隔热板的检测;核废料罐电子束环焊缝的全自动检测;薄铝板摩擦焊缝热疲劳裂纹的检测,Liaptsis D 等计算声场在核工业上用喷嘴中的声场,探索利用线性相控阵检测喷嘴的检测方法。②机械、压力容器、高能管道焊缝和输油管道焊缝的检测。R/D TECH 公司研制的管道全自动相控阵超声系统可检测直径 100 mm、400 mm 的管道,扫查速度为 100 mm/s,4 min 可检测一条完整的陆地输油管焊缝(包括仪器安装和拆除),结合超声衍射时差技术(TOFD)提高缺陷检出能力和定量精度。③电力、石化、铁道等领域发挥巨大作用。如对汽轮机叶片(根部)和涡轮圆盘的检测。

西气东输工程是国内第一个将相控阵超声检测技术应用到检测实际中的重大工程。西气东输一线从新疆轮南到上海,全长约 4 000 km,其中 800 km 管道的环焊缝采用相控阵超声检测技术,共检测焊缝约 6.8 万道,材质为 X70 钢,四种规格,外径都是 1 016 mm,公称厚度分别为 11.6 mm、17.5 mm、21 mm 和 26 mm,输气气压 10 MPa,是迄今为止天然气管道输气气压最高的管道。安徽某电厂于 2014 年 1 月到 8 月,在 600 MW4#机组建设工程现场开展相控阵超声检测代替常规射线检测的应用。共检测管对接焊缝 3 715 道，公称厚度为 6~20 mm，直径为 32~159 mm。检测合格率为 95.21%，较常规超声检测和射线检测合格率低，缩短工期 10% 以上。

3.4.2　相控阵超声检测案例

3.4.2.1　母材检测

1. 母材疏松

某电站阀门定检测厚时发现母材有问题，采用相控阵检测时，发现多处缺陷，如图 3-28 所示，未进行处理，检测人员标注该位置，对其进行检修周期内监控。

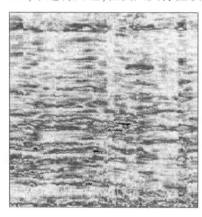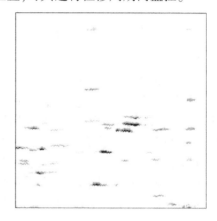

图 3-28　母材疏松相控阵检测图谱

2. 钢板夹层

某压力容器定检测厚时发现该缺陷，采用相控阵检测时，发现该处缺陷，如图 3-29 所示，未进行处理，检测人员标注该位置，对其进行检修周期内监控。

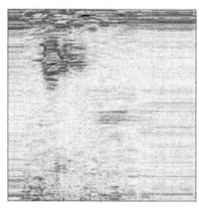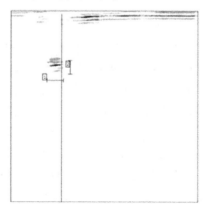

图 3-29　母材夹层相控阵检测图谱

3.4.2.2　对接焊缝相控阵检测

（1）某压力容器定检封头环缝 UT 检测时，缺陷波幅断续局部有高点，现场采用相控阵检测如图 3-30 所示，评定为断续气孔，未进行返修处理，检测人员标注该位置，对其进行检修周期内监控。

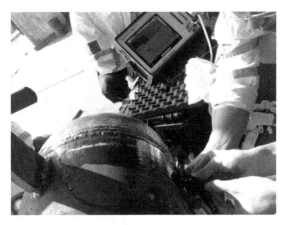

图 3-30　容器环焊缝相控阵检测

（2）新乡市某化工厂 1 000 m³ 球罐,于 2009 年 7 月投入使用,球罐基本参数:容积为 1 000 m³,内径为 12 300 mm,厚度为 56 mm,主体材质为 16MnR,设计压力为 1.63 MPa,最高工作压力为 2.5 MPa,设计温度为 60 ℃,工作介质为液氨。

2016 年 5 月,进行了第二次定期检验,发现如下缺陷,并进行了监控。

缺陷 1:AF 环焊缝 TOFD 及 UT 检测时,发现一处缺陷,后经 TOFD 检测确定缺陷的长度和深度,如图 3-31 所示。经现场检验检测人员确定,该埋藏缺陷属于制造安装过程中超标缺陷(制造标准),初步认定为未熔合,该缺陷长度为 67.08 mm,缺陷深度为 26.8 mm,缺陷自身高度为 4.68 mm,建议定期监控。

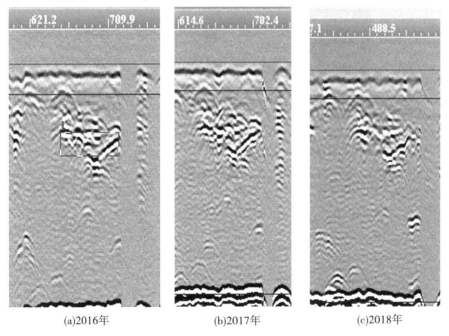

(a)2016年　　　　　　　　(b)2017年　　　　　　　　(c)2018年

图 3-31　超标缺陷在役 TOFD 检测图谱

　　该缺陷2017年、2018年在监控过程中在 TOFD 监测的基础上增加了相控阵监测,如图 3-32、图 3-33 所示。

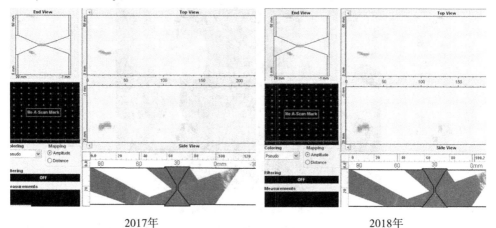

2017年　　　　　　　　　　　　　　　　2018年

图 3-32　超标缺陷在役相控阵检测图谱

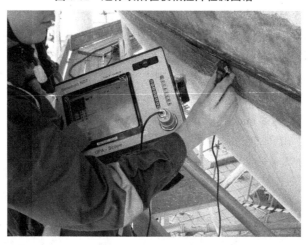

图 3-33　球罐焊缝相控阵检测

3.4.2.3　小径管相控阵检测

　　某电厂使用超声波相控阵代替射线检测小管焊缝 5 000 余只。射线和超声进行100%检测并进行了对比分析。在 100 道焊口中有 10 只焊口不合格,通过对比分析发现相控阵检测发现不合格焊口 10 只,其中面积型缺陷 4 例、体积型缺陷 6 例;射线检测发现不合格焊口 9 只,其中面积型缺陷 3 例、体积型缺陷 6 例;常规超声检测发现不合格焊口 4 只,其中点状缺陷 1 例、条状缺陷 3 例。相控阵超声检测的合格率为90%,射线检测的合格率为91%,常规超声检测的合格率为96%。

　　(1)水冷壁相控阵检测,规格:ϕ38 mm×7 mm,缺陷性质为气孔,相控阵检测缺陷大小深 4.9 mm、长 5.0 mm,与 RT 检测结果相符(ϕ5 mm 的气孔),如图 3-34 所示。

　　(2)悬吊管相控阵检测现场检测为典型缺陷——密集气孔,规格:ϕ60 mm×12 mm,如图 3-35 所示。

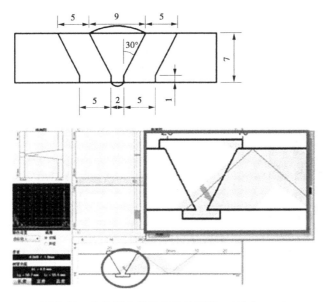

图 3-34　水冷壁大气孔相控阵图谱　（单位:mm）

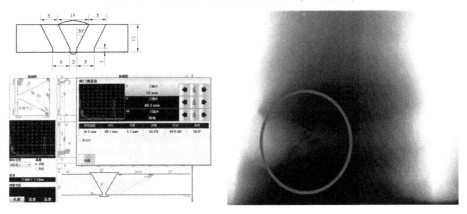

图 3-35　密集气孔相控阵与 RT 图谱对比　（单位:mm）

（3）集箱出口连接管相控阵检测现场检测,规格:φ38 mm×7 mm,如图 3-36 所示。

图 3-36　连接管相控阵检测现场图片

（4）减温水连接管相控阵检测现场检测,规格:ϕ51 mm×8 mm,缺陷类型为单边未熔合,如图 3-37、图 3-38 所示。

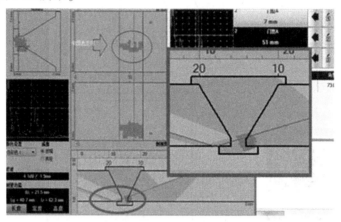

图 3-37　未熔合相控阵图谱(深 6.5 mm、长 21.5 mm)

图 3-38　减温水连接管相控阵检测现场图片

3.4.2.4　T 形角焊缝相控阵检测

（1）某压力容器定检与法兰连接环缝 UT 检测时,因结构限制无法满足定检超声波检测的要求,现场采用相控阵检测可以大幅度提高检测率,如图 3-39 所示。

图 3-39　法兰连接环缝相控阵检测

（2）针对现场 T 形焊缝检测的特殊性,试制相应对比试块试验,如图 3-40、图 3-41 所示。

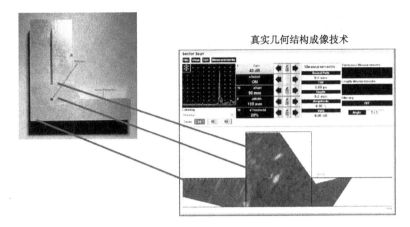

图 3-40　T 形焊缝试块相控阵检测图谱 1

图 3-41　T 形焊缝试块相控阵检测图谱 2

（3）插管焊缝相控阵检测,试制相应对比试块试验,如图 3-42 所示。

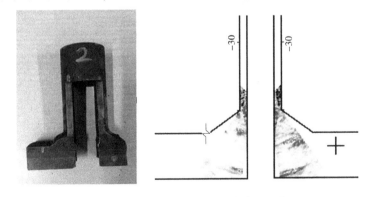

图 3-42　插管焊缝试块相控阵检测图谱

（4）复杂结构件及特殊焊缝相控阵检测,试制相应对比试块试验,如图 3-43 所示。

（5）某水晶釜现场定期检验中进行相控阵检测,如图 3-44 所示。

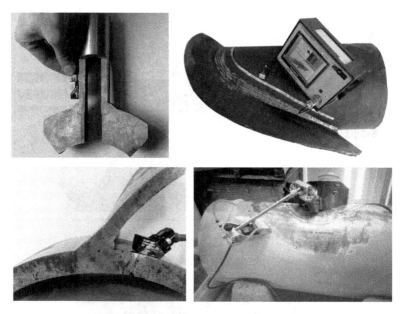

图 3-43　复杂结构件及特殊焊缝相控阵检测

图 3-44　水晶釜相控阵检测

第4章　超声导波检测技术及应用

4.1　超声导波检测技术原理

4.1.1　超声导波检测技术背景及发展历史

超声导波(ultrasonic guided wave,简称 UGW,也称为超声制导波)检测技术又称长距离超声遥探法。以特定的模式在两个平行界面限制的有限空间内沿平行于界面的方向传播的特定频率的超声波称为超声导波。这种能够定向引导超声导波的结构称为波导。

关于导波在结构中传播的研究最早始于 20 世纪 20 年代,主要用于地震学领域。在 20 世纪 90 年代早期,导波在圆柱状结构传播方面的分析研究开始应用于工程结构的无损检测。超声导波检测技术起初用于石油工业领域的在线管道检测,随着该技术的进一步发展,现在除应用于各种管道检测外,也已经应用到桥梁斜拉钢索、电缆、铁轨、棒材、板盘件等实心工件的检测中。

4.1.2　超声导波检测技术的基本理论

超声导波的产生机制与薄板中的兰姆波激励机制类似,即一定频率的超声纵波以一定的角度和一定的声束宽度倾斜入射到厚度或直径远小于波长的传声介质(例如细棒材、管材或薄板)内,折射纵波和横波在两个平行界面限制的有限空间内多次往复反射产生复杂的波形转换、波与波之间发生复杂的叠加干涉及几何弥散,结果导致纵波和横波将不能独自存在,并按原来各自的波动形式传播,从而产生新的振动模式,即导波。

在无限体积均匀介质中传播的波称为体波,体波有两种:一种是纵波(或称疏密波、无旋波、拉压波、P 波),一种叫横波(或称剪切波、S 波),它们以各自的速度传播而无波形耦合。位于层中的超声波要经受多次来回反射,这些往返的波将会产生复杂的波形转换,并且波与波之间会发生复杂的干涉。板内的纵波、横波将会在两个平行的边界上产生来回的反射而沿平行板面的方向行进,即平行的边界制导超声波在板内传播,这样的一个系统称为平板超声波导。在此板状波导中传播的超声波即所谓的板波(也叫 Lamb 波),如图 4-1 所示。板波在波导中传播时,纵波和横波不能独立存在,此时会产生一种与介质断面尺寸有关的特殊波动,称为导波(guided wave),如图 4-2 所示。在板中传输的导波又称为板波,板波中主要波型为 Lamb 波。

超声导波检测与薄板兰姆波检测的最大区别是兰姆波检测采用兆赫数量级的激励频率,且检测灵敏度通常是 $\phi 1$ 柱孔,传播距离只有数百毫米,而超声导波的激励频率为千赫数量级,其检测灵敏度以横截面金属缺损百分比表示,传播距离可达数十至上百米。

在一个有限体中,可以存在多种不同的导波模式,通常归类为纵波模式(longitudinal

wave,简称 L 模式)、扭曲波模式(torsinal wave,简称 T 模式,也简称为扭波)和弯曲波模式(F 模式),如图 4-3 所示。L 模式和 T 模式属于轴对称模式,F 模式为非轴对称模式。一般用 L（n、m)、T(n、m)和 F(n、m)表示,括号中的 n 和 m 分别表示周向和径向的模式参数。

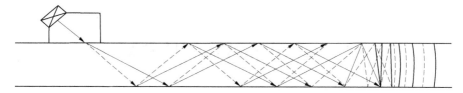

图 4-1　板中导波的传播

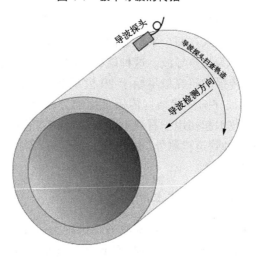

图 4-2　筒形体中导波的传播

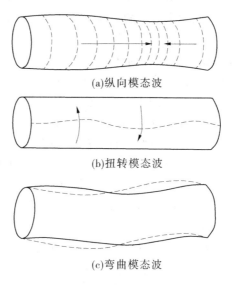

(a)纵向模态波

(b)扭转模态波

(c)弯曲模态波

图 4-3　各种导波模态传播的形式

导波模式的声学性能与管道几何尺寸、材料种类和激励频率密切相关,不同模式导波的性能通常需要利用数学模式得到的图表分布曲线进行分析。在同类导波模式中,还存在多种模态,即在横截面的不同深度有不同的应力、位移和轴向功率流等参量分布。为了保证检测质量,在检测工艺上需要预先确定最佳的模态,这与入射角、激励频率和频率厚度的乘积(简称频厚积)密切相关。

目前,超声导波应用的主要模式是扭曲波模式和纵波模式,以扭曲波模式最为常用,而纵波模式的应用则有一定限制。

扭曲波模式的特点是质点沿周向振动,波动在圆柱形棒、管和线材中旋转向前传播,其声速恒定不变,在一定频率下没有频散现象,声能受管道内部液体影响较小(在以扭曲波模式进行超声导波检测时,因管内存在液体介质而产生的扩散效应较小,因此允许液体在管道中流动的情况下进行超声导波检测),可以在较宽频率范围内使用,通常能得到清晰的回波信号,信号识别较容易。在应用中需要探头数量少、质量轻、费用小、波形转换较少、检测距离较长。扭曲波模式的超声导波检测对轴向缺陷(如纵向较深的裂缝和管壁横截面积损失及轴向缺陷)检测灵敏度较高,但是难以发现小径管上纵向焊接的支撑物的焊缝缺陷。

纵波模式的特点是质点沿轴向振动,波动在圆柱形棒、管和线材中沿轴向传播,具有频散特点,回波幅度与缺陷形状关系不大,回波信号不如扭曲波模式清晰,仅能在较窄的频率范围内使用,受被测管内液体介质流动的影响很大(在装满液体的管道上难以使用),也受探头接触面的表面状态(油漆、凹凸等)影响较大,但是对管道上的横向缺陷或管道横截面积的损失具有较高的检测灵敏度,易于发现小口径管道上纵向焊接的支撑物的焊缝缺陷。

弯曲波模式的特点是质点振动方向与杆轴或板的表面垂直,随着波的传播,伴有杆或板的弯曲。

由于受到波导几何尺寸的影响,在波导中传播的超声导波存在几何弥散现象,即导波传播的相速度是导波频率的函数,会随频率的变化而变化,这种特性称为频散特性。

扭曲波模式和纵向波模式的检测特点区别见表4-1。

表4-1 扭曲波模式和纵向波模式的检测特点区别

扭曲波模式	纵向波模式
受管道中液体填充物的影响很小	在装满液体的管道上难以使用
一般需要两排探头进行测量	一般需要4排探头进行测量
对纵向较深的裂缝和管壁横截面面积损失灵敏度高	对管道上横截面面积损失的灵敏度很高
可以在较宽频率范围内使用	仅能在较窄的频率范围内使用
可以将环形探头(简称探测环)安装在离法兰很近的位置进行	探测环必须安放在离法兰1 m外的位置上才能使用
难以发现小口径管道上纵向焊接的支撑物上的焊缝缺陷	易于发现小口径管道上纵向焊接的支撑物上的焊缝缺陷

扭曲波模式和纵向波模式的检测波形各有特点,在实际应用中可以互为补充。

超声导波的传播存在相速度和群速度,相速度是指单色行波中等相面沿法向的传播速度,即波阵面的传播速度,其数值等于波长与波源振动频率的乘积,而群速度是指频率和相速度只有微小差异的相干波波群包络面的传播速度,也可以说是质点合成振动最大振幅的传播速度,或者说脉冲包络上幅值最大点的传播速度,即波包的传播速度,其实质是波群的能量传播速度。群速度大未必相速度就大。超声导波是脉冲波,即一组不同频率正弦波的集合,要确定其相速度是很困难的,因此一般采用群速度来描述导波的传播速度。

4.1.3　超声导波探头

超声导波探头(俗称导波探头)需要覆盖管道的整个圆周,在超声导波检测仪器给予一定频带范围的电脉冲激励下,导波探头产生轴向均匀的导波沿着被检构件轴向的前后传播,接收在横截面变化或局部变化的地方产生的回波,并转换为电信号输入超声导波检测仪器,通过超声导波检测仪器分析导波回波信号,判断被检构件中是否存在缺陷及缺陷形态。

目前,管道导波检测中所使用的传感器主要有压电传感器(PZT)、磁致伸缩式传感器(MsS)、电磁超声传感器(EMAT)、脉冲激光式传感器和 PVDF 式传感器等。而压电传感器由于使用方便、价格低廉、灵敏度高等特点而获得了最广泛应用。

按导波探头与被检构件的接触方式不同,可分为接触式(干耦合式、黏结式)和非接触式探头。干耦合式为机械耦合,无需液体耦合剂,适用于良好的管道外表面状态(没有或仅有微小的点腐蚀坑),通常采用气泵或弹性箍带给探头施加压力,以保证探头与管道充分接触,适合移动式检测。黏结式适用于管道表面有若干腐蚀坑,又不允许打磨的情况,通常采用环氧树脂胶黏结方式,这种方式的灵敏度比机械干耦合方式高大约 6 dB,原因是机械干耦合方式的机械能转换效率较低,尤其是在管道表面有若干腐蚀坑的情况下机械能转换效率更低。非接触式即所谓空气耦合式,在探头与检测表面之间有一定的空气间隙,通常为 EMAT 和脉冲激光式探头。

按探头激励与接收导波的模式不同,可分为纵向导波探头、扭转导波探头、弯曲导波探头和复合导波探头。

压电陶瓷式探头是利用压电陶瓷的电致伸缩效应及其逆效应来产生和接收超声导波,其原理与传统的超声检测用探头基本相同。压电陶瓷式探头因具有制造使用方便、价格低廉、灵敏度高等特点而获得最广泛的应用。按压电陶瓷式探头的结构形式可分为斜探头、直探头、阵列探头,结构形式不同的探头激励导波的形式和模态也不同。

4.1.4　超声导波检测仪器

超声导波检测装置主要由超声导波探头、检测装置(低频超声检测仪)和用于控制和数据采样的计算机三部分组成。超声导波检测仪器构成如图 4-4 所示。

在激励单元中,计算机控制的信号发生单元产生所需频率的激励信号源,经功率放大单元放大后,驱动探头阵列发出一束超声能量脉冲在被检构件中激励出所需模态的导波

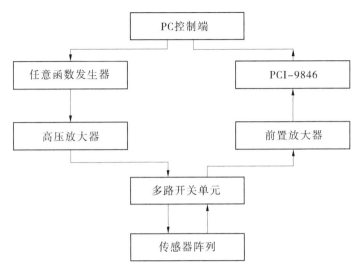

图 4-4　导波检测仪器构成

传播。根据耦合情况,目前常用的导波激励方法有接触法和非接触法两大类。接触法原理简单,用探头通过耦合剂直接接触被测试件表面。常用可变角斜探头和换能器阵列来产生导波。不过接触法对被检工件表面有较为严格的要求,耦合条件一定要满足,这就限制了接触法的使用场合,如粗糙表面、曲面、复杂构件或者对耦合剂敏感的工件等。非接触法不用接触被检工件,无需耦合剂,常用的方法有激光法和 EMAT 法。非接触法可检测复杂表面的结构,主要应用在一些有特殊要求的场合。

对于圆形管道,此脉冲导波将充斥整个圆周方向和整个管壁厚度,沿管轴向远处传播。在导波传输过程中,当管道横截面发生改变时,如管道厚度上的任何变化、管道内外壁由腐蚀或侵蚀引起的金属缺损(缺陷)或者管道对接环焊缝中的缺陷等,由于缺陷在管壁横截面上有一定的面积,导波将会产生一定比例大小的反射信号,被同一探头阵列(接收探头)接收并转换为电信号,反射信号进入检测仪器的信号处理单元,前置放大器将接收到的信号放大后传输到信号主放大器,通过 AD 转换(通常要求采样频率至少大于激励频率的 10 倍)输入计算机,通过超声导波软件分析回波信号的特征和传播时间,通过特定频率下导波的传播速度,能准确地计算出该回波起源与探头阵列位置间的距离。在显示屏上以 A 扫描的方式显示检测信号波形、波幅及与探头基阵位置的距离,使用距离波幅曲线修正衰减和波幅下降来预计从某一距离反射处的横截面变化,从而可以探知管道的内外部缺陷位置和腐蚀状况(包括冲蚀、腐蚀坑和均匀腐蚀)及管道对接环焊缝中的危险性缺陷,也能检出管道断面的平面状缺陷(如环向裂纹、疲劳裂纹等),根据缺陷产生的附加波形转换信号,还可以把金属缺损与管道外形特征(如焊缝轮廓等)识别开来。现代先进的超声导波检测系统已经开始能够提供 C 扫描的结果,便于解读每一个回波特征的走向。

4.1.5　超声导波主要特征参量

群速度是指脉冲的包络上具有某种特性(如幅值最大)的点的传播速度,是波群的能量传播速度,是波包的传播速度。相速度是指波中相位固定的波形的传播速度,如图4-5所示。图中的模式1导波较模式2导波靠前,则可以认为模式1导波的群速度比模式2导波的群速度大。导波的群速度大并不代表其相速度大,反之导波的相速度大也不意味着其群速度大。

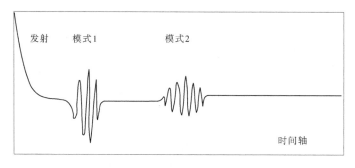

图 4-5　多模态导波接收波形

导波的声脉冲是一组不同频率正弦波的集合,因此确定其相速度是困难的,一般采用群速度来描述脉冲传播速度。群速度一般指质点合成振动最大振幅的传播速度,如图4-6。

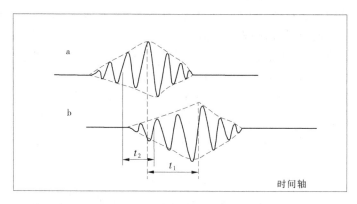

图 4-6　群速度和相速度的关系

4.1.6　超声导波检测特点

通常的超声波检测中,超声波在无限介质体内传播(波长远远小于工件厚度),远离边界,称为体波。导波通常以反射和折射的形式与边界发生相互作用经介质边界制导传播,传播中纵波与横波相互间进行模态转换。在数学上虽然体波与导波受同一组偏微分波动方程控制,体波方程的解无须满足边界条件,导波方程的解在满足控制方程的同时必须满足实际的边界条件。在波的传播过程中体波的模态有限,主要有纵波、横波、表面波等。导波通常在一个有限体中可以存在多种不同的导波模态。导波大多具有频散现象,即导波相速度是导波频率的函数,随导波频率变化而变化。

4.1.6.1　导波的频散现象

导波和体波最大的不同之处就是导波具有频散特性。频散现象指的是导波传播弹性波的速度随着频率的不同而不同。因此,在某一特定的频率处,一般也存在几种不同模态的波。导波频散现象可分为几何弥散现象和物理弥散现象。

对于导波的频散特性,可用很多不同的方法来描述,如相速度、群速度和波数等。由于频散现象的存在,当发射宽带窄脉冲导波时,便会使传播一定距离后的导波时域波形发生一定程度的变化。因此,随着传播距离的增加,再加上导波的频散特性的出现,信号的时域宽度也会出现逐渐增加的现象,并且信号的幅度也会出现不断减小的现象。信号变宽的现象为研究人员分析有用的信号带来了很大的困难,主要是杂波容易淹没反射的回波,同时回波幅度的减小不仅降低了检测的灵敏度,而且增加了信号的特征提取与识别的难度。

4.1.6.2 导波的多模态性

导波的多模态现象是指在频率厚度积固定的情况下,导波至少可能存在两个模态,并且导波模态数目会随频厚积的增大而不断增加。在低频厚积的情况下,一般至少存在两个模态,并且频厚积增长,模态数也跟着增长。研究工作者最初以为,只要激励单一模态的导波,就会避免导波的频散,可以产生对检测有用的效果,但是,经过数次试验分析得出,即使传感器激励了单模态的导波,由于存在边界结构或存在其他不连续情况(如缺陷等),也会有模态转换现象的发生。因此,传感器接收到的信号通常包含两个或两个以上的模态,这也是困扰导波研究人员的问题之一。

在激励某种模态导波的过程中,研究者取 $5 \sim 10$ 周期的单音频信号调制,这样发出的激励信号通常情况下是一组频率不相同的信号,其中心频率为单音频信号。各个频率的信号主要是在波导中传播,但是在波导中传播的速度不同,这就意味着随着信号传播距离的变化,信号的形状将会随之发生变化。通常情况下,随着导波传播距离的增加,信号的时域也会跟着变宽。如果频散现象比较严重的话,信号的幅度将迅速出现衰减,能量逐渐分散在时域空间上。信号变宽现象为分析有用的信号带来了很大的困难,随着幅度的减小,导波检测的灵敏度出现降低,使信号的特征识别与提取变得困难。

在管道中传播的柱面导波的模态随频率的增大而增加。100 kHz 以下,大约存在 50 种模态。如图 4-7 所示,轴对称纵向导波 L(0,2) 模态由于传播速度快,因此能比其他模态的导波更快地到达导波接收装置,因此更易于在时域内区分。直探头在激励 L(0,2) 模态导波的同时还会激励出 L(0,1) 模态导波,此外所激励的导波在管道中传播时,导波不仅向前向传播,同时也会向后向传播。

在某一频率范围内,L(0,2) 模态导波速度几乎不随频率的变化而变化,呈一条直线,表明它是非频散的或者说频散程度非常小。同时,L(0,2) 模态导波速度曲线位于各曲线的最上部,说明它的速度是最快的。通过综合分析各种模态的位移,可知 L(0,2) 是最适合管道长距离检测的。

70 kHz 的 L(0,2) 模态优点如下:

(1)在此频率附近范围内该模态几乎是非频散的,因而信号形状在传播过程中可保存下来。

(2)由于该模态导波传播速度最快,所以任何不希望出现的模态信号都在其后到达,易于在时域内分离出感兴趣的信号。

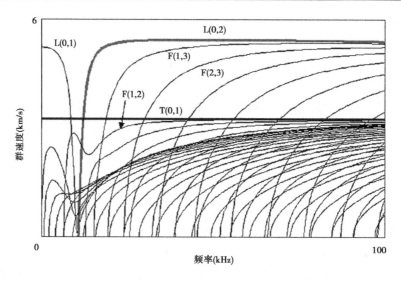

图 4-7　典型导波模态曲线

（3）轴向位移分量对于探测圆周开口裂纹的灵敏度起决定作用,该模态在内外表面的轴向位移相对较大,因而对任何圆周位置的内外表面缺陷具有相同的灵敏度,非常适合探测内外表面的缺陷。

（4）该模态内外表面的径向位移相对较小,这样使得波在传播过程中能量泄漏较少、传播距离相对较大。

4.1.6.3　导波的衰减

导波的衰减是指导波在波导中传播时,由于波导的不连续性、能量泄漏通道的存在等多个原因引起导波能量逐渐减弱的现象。

根据引起导波衰减的原因不同,可以分为散射衰减、吸收衰减和扩散衰减。

1. 散射衰减

散射衰减主要是由物质的不连续性所引起的现象。当声波遇到不连续界面时,将产生波型转换、反射及折射等现象,这些现象的产生会使导波的能量出现衰减。在波导材料中,被散射的导波主要是沿着复杂的路径传播的,其中一部分导波可能最终变成热能,增加了波导材料的温度,另一部分也有可能形成了噪声。

2. 吸收衰减

吸收衰减主要是导波在介质中传播时,由于传播介质质点间的摩擦和热传导引起的导波能量减弱的现象。

3. 扩散衰减

扩散衰减与传播介质无关,主要取决于波阵面的几何形状等。扩散衰减主要是由于声束截面的增大,导波随传播距离的增大,其单位面积上的声能或声压逐渐减弱的现象。

4.1.7　超声导波检测结果的评定

与传统的超声脉冲反射法检测不同,超声导波检测的灵敏度及检测结果用管道环状截面上金属缺损面积的百分比评价(测得的量值为管道横截面面积的百分比),超声导波检测设备和计算机结合生成的图像可供专业人员分析和判断。

超声导波检测得到的回波信号基本上是脉冲回波形,有轴对称和非轴对称信号两种,检测中通常以管道上的法兰或焊缝回波做基准,根据回波幅度、距离识别是法兰回波、焊缝回波,还是管壁横截面的缺损回波,利用管壁横截面缺损率的缺陷评价门限(阈值)等及轴对称和非轴对称信号幅度之比,可以评价管壁减薄程度,能提供有关反射体位置和近似尺寸的信息,确定管道腐蚀的周向和轴向位置。

缺陷的检出和定位借助计算机软件程序显示和记录,减少人工操作判断的依赖性(避免了操作者技能对检测结果的影响),能提供重复性好、可靠性高的检测结果。

应当注意:超声导波检测的结果不能提供壁厚的直接最值或沿壁厚方向的腐蚀深度,而是指腐蚀或裂纹造成的缺损所占管道横截面面积的百分比,但是超声导波检测对任何管壁深度和环向宽度范围内的金属缺损都较敏感,因此在一定程度上能测知缺陷的轴向长度,这是因为沿管壁传播的圆周导波会在每一点与环状截面相互作用,对管道横截面的减小比较灵敏。

超声导波检测的结果除根据反射回波的信号幅度和距离—波幅曲线进行比对评级,按验收标准确定验收、拒收外,通常都需要进行慎重的复检,例如用目视和小锤敲击的方法分辨是位于外表面还是内部的缺陷,用深度尺直接测量外表面缺陷的深度,用射线、超声、漏磁等各种无损检测方法进行复检,必要时,还要采用解列抽查的方式进行验证。

4.2　超声导波检测技术的优点和局限性

与传统超声波技术相比,超声导波具有的优势为:第一,在构件的一点处激励超声导波,由于导波本身的特性(沿传播路径衰减很小),它可以沿构件传播非常远的距离,最远可达几十米。接收探头所接收到的信号包含了有关激励和接收两点间结构整体性的信息,因此超声导波技术实际上是检测了一条线,而不是一个点。第二,由于超声导波在管(或板)的内、外(上、下)表面和中部都有质点的振动,声场遍及整个壁厚(板厚),因此整个壁厚(或板厚)都可以被检测到,这就意味着既可以检测构件的内部缺陷,也可以检测构件的表面缺陷。另外,利用超声导波检测管道时,具有快速、可靠、经济且无须剥离外包层的优点,是管道检测新兴的和前沿的一个发展方向。

4.2.1　超声导波检测技术的主要优点

(1)能实现长距离的管道在线检测,有效检测距离主要根据管道属性和周围介质的不同而不同,当管道埋地时,检测距离为 $5\sim30$ m;当管道暴露地面时,检测距离可达 $30\sim100$ m。

(2)在不去除防腐层的情况下,可对 $2\sim48$ in 间不同大小管径实现 100%检测。

(3)超声导波技术无法检测管壁的厚度,但可以对缺损位置进行定位。

(4)允许对管道内壁油污、积蜡和变形等进行检测,并且不需测径或清管。

(5)可对各类介质(包括强腐蚀、超高温或超低温)管道实施在线监测。

(6)便携式设备,质量轻、体积小,无需配发电设备,实施检测快速,便于现场使用。

(7)集中存在的凹坑、形状尖锐的腐蚀,沿圆周环向的裂缝和焊缝中尺寸比较大的裂缝等都是较容易检测出来的缺陷。

(8)检测过程简单,不需要耦合剂,除了探头套环的安装区域,可不必沿管道全长开挖、不必全长拆除保温层或保护层(只需要剥离一小块防腐保护层以便在金属管道表面放置探头环)即可进行检测,特别是对于地下埋管不开挖状态下的长距离检测更具有独特的优势,从而大大减少了为接近管道进行常规超声检测所需要的各项费用,降低了检测成本,是一种经济、高效的管道扫描方法。

(9)视采用的超声导波探头类型,可适应的工作环境温度范围为-40~180 ℃。

(10)超声导波衰减小,检测距离长,能达到上百米的检验距离,可一次性对管壁进行100%检测(100%覆盖管道壁厚)。特别适合于一次性检测在役管道的内外壁腐蚀(包括冲蚀、腐蚀坑和均匀腐蚀)及管道上焊缝的危险性缺陷(环向裂纹、错边、焊接缺陷、疲劳裂纹等),也能检出管道断面的平面状缺陷(裂纹)。

(11)能实现完整的自动化数据收集。利用常规超声脉冲反射法与超声波测厚,根据壁厚变化情况判断管道腐蚀情况,并且主要是检测内壁腐蚀导致的壁厚减薄。进行超声导波检测时,把超声导波探头套环上的探头矩阵架设在一个探测位置(测试点),超声导波检测探头阵列向测试点两侧发射低频超声导波能量脉冲,此脉冲充斥管道整个圆周方向和整个管壁厚度,并沿着管线向远处传播,超声导波甚至可以在保护层或保温层下面传播,一次就能在一定范围内100%覆盖检测长距离的管壁。根据反射回波的幅度、距离等即可确定管道腐蚀的周向和轴向位置,以及评价管壁减薄的程度。

4.2.2 超声导波检测技术的主要局限性

(1)不能直接测量出管道的壁厚及有效定量所发现的缺陷,需要辅助使用其他检测设备对缺陷尺寸进行测量。超声导波检测技术采用的是低频超声波,对缺陷检测的灵敏度及精度大大低于常规超声脉冲反射法检测,因此无法发现总的横截面损失量,以及低于检测灵敏度的细小裂纹、纵向缺陷、小而孤立的腐蚀坑或腐蚀穿孔等单个缺陷。

(2)由于在线监测是以焊缝回波、法兰等做基准的,因此焊缝余高(焊缝横截面)的不均匀性影响评价的准确程度。

(3)多重缺陷往往会产生叠加效应。需要通过试验选择最佳超声导波频率和入射角,需要采用模拟管壁减薄或一系列已知反射体信号波幅的校准试件来校准超声导波检测系统和调整检测灵敏度。

(4)对于结蜡管道、覆盖有沥青防腐层的管道,检测距离较短,信号急剧衰减。

(5)由于壁厚变化或者是圆周声程发生变化时,导波会发生散射、波形转换及衰减等,导波在通过弯头后,必然会影响导波回波信号的分辨力及检出灵敏度,因此在一次检测距离段不宜有过多弯头。

(6)对于在管段较短的区段有多个 T 字头等多重形貌特征的管段,导波检测变得不可靠。对于有多种形貌特征的管段,例如在较短的区段有多个 T 头(三通接头),就不可能进行可靠的检验。在管道检测中通常以法兰、焊缝回波做基准,因此焊缝余高(焊缝横截面)不均匀会影响检测结果评价的准确程度。

（7）检测范围、可能检测到的最小缺陷（精度）等都会随管子状态的不同而不同。对于有严重腐蚀的管道，检测的长度范围有限。管道内外壁的特大面积腐蚀会造成信号衰减，导致有效传输距离大大缩小。

（8）表面圆滑的渐进式缺陷，单一存在的腐蚀坑、轴向裂缝，焊缝中的小回坑等问题都是导波检测的盲区。

（9）用超声导波检测管线时，沿管线传播的超声导波的衰减直接影响其有效检测距离（可检范围）和最小可检测缺陷（检测灵敏度），这除与所应用导波的频率、模式有关外，还与埋地管的沥青防腐绝缘层、埋地深度、周围土壤的压紧程度、土壤湿度及土壤特性，或管道保温层及管道本身的腐蚀情况和程度等相关，例如环氧树脂涂料、岩棉（如珍珠岩）绝热材料和油漆等对超声导波信号的影响很小，但外壁带涂防锈油的防腐包覆带或浇有沥青层等的管道却对超声导波信号的影响很大，能引起超声导波有较大的衰减。对于有严重腐蚀的管道，超声导波检测的长度范围也是有限的。

（10）超声导波检测数据的解释难度大，对检测结果的解释通常需要参考相关试验建立的数据库，利用超声导波检测系统对检测所必需相关参数的采集和存储，利用超声导波检测系统进行数据的实时显示和分析、检测后的数据回放和分析及信号辨别和缺陷定位。因此，要由训练有素、对被检测对象的超声导波检测有丰富经验的技术人员来进行。

虽然在超声导波检测工艺上需要利用距离波幅曲线，使回波信号振幅和管道横截面变化能较好地关联，但是超声导波检测并不能直接地测量剩余的管道壁厚，目前只能是将管道横截面变化的严重程度分成几种类别。可以通过激发信号开启模式转换，例如把轴对称导波模式的部分能量转换成弯曲模式。利用模式转换的总量预计缺陷在圆周范围的分布，再参考横截面的变化量，从而进行严重程度分类。

因此，超声导波检测技术虽然在高效、快速地进行管道腐蚀状态的扫描方面具有独到优势，但是最好把超声导波检测用作识别怀疑区的快速检测手段，对检出缺陷的定量评定只是近似的，如果需要更准确、具体地确定缺陷类型、大小及位置等，在有可能的条件下还需要借助其他更精确但速度较慢的无损检测手段进行补充评价、确认。例如采用两步法：先用超声导波快速检测管道，发现腐蚀减薄区或缺陷区，然后在对应的位置实施局部开挖，再用常规超声检测方法进行检测和定量评定，这取决于检验标准所要求的检测精度及壁厚减薄的局部性或普遍性。

目前，超声导波检测技术还推广应用到如棒材、板材、工字钢等型材（如铁路钢轨）、缆索等线材（如桥梁斜拉索、钢缆）、高速公路路桩埋深及复合材料等其他材料的检测。

4.3　超声导波检测相关标准

目前，国内已发布的有关超声导波检测的技术标准具体如下：

（1）GB/T 31211—2014:《无损检测　超声导波检测　总则》。

（2）DL/T 1452—2015:《火力发电厂管道超声导波检测》。

（3）GB/T 28704—2012:《无损检测　磁致伸缩超声导波检测方法》。

4.4 超声导波检测应用及案例

利用超声导波进行无损检测的最大优势便是导波检测的全面性和低耗费。研究表明,对于一个没有缺陷的管道且管道表面不存在任何沥青防腐层及覆盖物的情况下,超声导波能在其中传播至少100 m。因此,对于检测几万米的长输管道而言,在基于时域信号接收的情况下,在很短时间内就能完成整个管道的检测,这表现了超声导波的低耗费性。超声导波检测的另一个优点就是只需要局部贴近试件即可,这可应用于只能在有限的范围内贴近试件的管道检测。

(1)真正实现100%的管道和各类型管网快速检验,保证管道等设备的安全运行。

(2)大面积并且快速地对管道进行普查和检测管网的腐蚀情况,为管道的安全管理提供了可靠信息。

(3)管道在进行常规检测时,检测成本较高,超声导波检测可以避免由于去除管道外边的保温、防腐材料或开挖埋地管道等产生的费用。

(4)在管道检测人员全面掌握管道的腐蚀情况之后,可通过操作、调整压力等措施,避免泄漏和事故的发生。

(5)避免采用由于常规抽查的方法产生的漏检。

超声导波检测的基本布置如图4-8、图4-9所示。

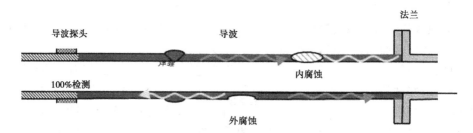

图4-8 管道超声导波检测的基本布置

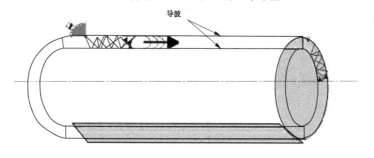

图4-9 容器超声导波检测的基本布置

4.4.1 超声导波检测的应用范围

超声导波长距离检测技术可以应用于常规超声检测难以接近的区域,如安装有管夹、支座、套环的管段和套管,穿越公路、大坝、交叉路面下或桥梁下的埋地管道,以及水下管线等。超声导波检测技术已经应用到包括无缝管、纵焊管、螺旋焊管,管道材料除普通碳素钢外,还包括 CrMo 钢、奥氏体不锈钢、双相不锈钢等。其应用领域包括油、气管网(例如天然气管道、炼油厂火焰加热器中的垂直管路、带岩棉保温介质和漆层的架空液化气管道)及石油化工厂的管网(例如无保温层输送 CO 与 H 合成烃类的淤浆管道、石油化工厂的交叉管路)、码头管线、管区的连接管网,海上石油管网/导管(例如海洋平台竖管、球管柱腿)、水下管道、电厂管网、结构管系,穿路/过堤管道(例如埋地冰管、储槽坝壁的管道、道路交叉口地下管道),复杂或高架管网(例如高架管道、垂直或水平或弯曲管道)、保温层下管道(例如带有保温层的氨水管道)、带有套管的管道,以及带有保护层(例如涂层、聚氨基甲酸酯泡沫保温层、岩棉保温层、环氧树脂涂层、沥青环氧树脂涂层、PVC 涂层、油漆、沥青卷绕)的管道,电厂锅炉热交换器的管路等管道类型。

　　目前的超声导波检测技术已经能够应用于直径 50~1 800 mm 的管道现场检测,超声导波检测仪器已经能够自动识别超声导波的模式(如纵波和扭曲波),可区分管道的腐蚀情况和管道的特征(如焊缝、支撑、弯头、三通等),已能达到的最高检测精度为管道横截面面积的 1%,可靠的检测精度能达到管道横截面面积的 9%(一般能检出占管壁截面 3%~9% 以上的缺陷区及内外壁缺陷),缺陷轴向定位精度可达到 ±6 cm,缺陷在管道周向分布的环向定位精度最高可达到 22°,理想状态下超声导波可以沿管壁单方向传播最长达 200 m,在同一测试点可以双向检测,从而达到更长的检测距离,成为管道和管网评估的有效工具,对安全、经济具有重大价值。采用了聚焦增强功能的超声导波检测技术能够有选择性地对重点区域进行进一步检测,能提高检测精度。

　　超声导波检测流程如图 4-10 所示。

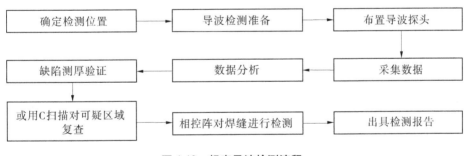

图 4-10　超声导波检测流程

4.4.2　超声导波检测案例

4.4.2.1　天然气处理厂常温管线超声导波检测

　　2011 年 7 月,某天然气处理厂对该管线进行检测,通过数据发现焊缝信号从 W2 到 W4 能量衰减严重,可能存在大面积减薄或者通体腐蚀。经过复验证实该管线从探头位置起的 22~28 m 通体由 4.5 mm 减薄到 3.9 mm,如图 4-11、图 4-12 所示。

4.4.2.2　炼油厂的高温管线超声导波在线检测

　　2009 年 4 月,某石化公司炼油厂做了杂油管线的检测,管径大约在 159 mm,温度在

200 ℃,如图 4-13 所示。图 4-14 为检测中的一个数据分析图。

图 4-11　天然气处理厂常温管线导波检测

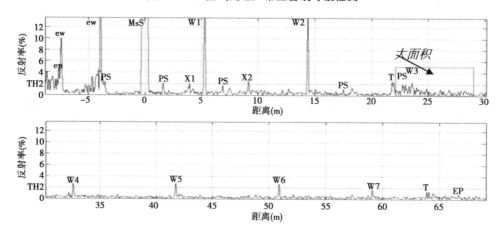

图 4-12　常温管线导波检测数据

图 4-13　高温管线超声导波在线检测

　　从图 4-14 中可以看到 D1、D2 两个缺陷的标识,现场对这两个点进行了复验,测得壁厚都有一定程度的减薄,并且轴向的检测精度在±10 cm 以内。

4.4.2.3　石化装置内的高温管线超声导波在线检测

　　2011 年 3 月,某石化炼油厂做了高温管线的演示,如图 4-15 所示是一条蜡油管线,管

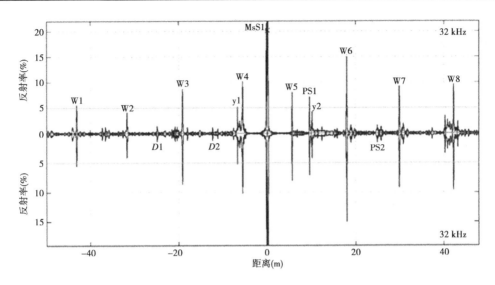

图 4-14 高温管线超声导波在线检测数据

径为 159 mm，温度在 310 ℃。如图 4-16 所示是所采集的数据，是用最新开发的软件进行采集与分析，经过分析，此条管线没有太多的腐蚀缺陷。

图 4-15 高温石化装置超声导波在线检测

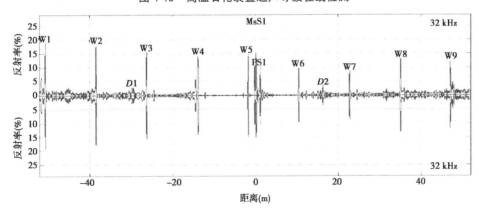

图 4-16 高温石化装置超声导波在线检测数据

4.4.2.4 MsS 超声导波检测技术用于储罐的检测

MsS 超声导波检测技术在储罐的全面检测方面具有以下优势：

(1)传播距离远,扫查距离可高达几十米。

(2)扫查速度快,一般中小型储罐探头覆盖区域仅需 2~3 min 完成数据采集。

(3)可实现 100% 全面扫查。

(4)在特定情况下,无须开罐进行检测。

(5)可沿着扶梯进行检测,无须搭设脚手架。

(6)无需将保温层全部拆除,只需拆除探头布控区域。

图 4-17 为 MsS 板式探头用于储罐的检测示意图及检测数据分析。

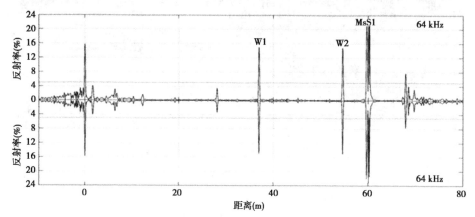

图 4-17　MsS 板式探头用于储罐的检测示意图及检测数据分析

4.4.2.5 弯头部位冲刷腐蚀检测

常规测厚只能点对点进行检测,很容易造成漏检,而 MsS 超声导波技术可以在贴近弯头部位布置导波探头,利用相对较高的频率对该弯头实现 100% 检测,如图 4-18 所示。

4.4.2.6 密排带保温防护层管线检测

对于密排保温管线来说,常规测厚时需要扒开保温层来进行抽点测厚,有些贴合紧密的位置无法伸入探头进行测厚,而 MsS 超声导波技术,只需要在合适位置布置一个探头,就可以对该管段实现 100% 的检测,如图 4-19 所示。

图 4-18　弯头导波检测　　　　　　　　图 4-19　保温防护层管线导波检测

4.4.2.7　架空管廊交叉管线检测

架空管廊上的交叉管线,常规检测手段必须要检测人员和检测设备都贴近待检位置才能进行检测,而这些位置往往受到空间和高度的限制无法靠近,MsS 低频导波技术只需在被检管线容易靠近位置安装探头,就可以传导到远端对无法靠近位置进行检测,如图 4-20 所示。

4.4.2.8　穿墙、穿路管线检测

对于穿墙和穿路管线来说,常规检测手段需要开挖进行检测,而 MsS 低频导波技术只需要在露出段安装探头,就可以对埋地和穿墙管段实现 100% 的体积检测,如图 4-21 所示。

图 4-20　交叉管线导波检测　　　　　　图 4-21　穿路管线导波检测

4.4.2.9　带伴热管线的腐蚀检测

MsS 超声导波管道检测探头体积轻薄,可以适应复杂的现场环境,对于带有伴热导线或伴热管线的管道来说,MsS 导波探头厚度不超过 2 cm,从伴热线下穿过即可进行正常检测,如图 4-22 所示。

4.4.2.10　埋地管线及螺旋焊缝管线的检测

MsS 超声导波可以对埋地管线进行有效检测,只需在布置探头部位局部开挖,就可以进行在线检测或长期监测,如图 4-23 所示。

图 4-22　带伴热管线的腐蚀导波检测　　　图 4-23　埋地管线及螺旋焊缝管线的检测

4.4.2.11　大功率导波探头用于埋地管线的检测

大功率导波探头检测功率是常规探头的 2 倍,检测范围可以延长 1.5 倍,如图 4-24 所示。

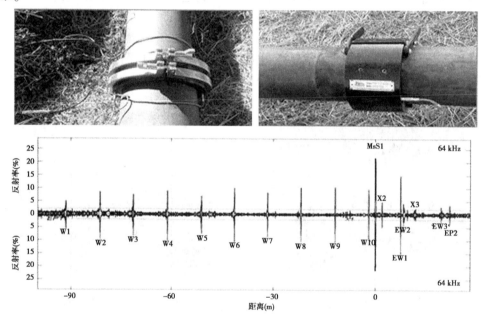

图 4-24　大功率导波探头埋地管线的检测及检测数据分析

4.4.2.12　炉管的 MsS 超声导波检测

MsS 超声导波可以对炉管进行快速检测,两根炉管之间的间距很小并且炉管靠近炉膛外壁很紧密都不影响 MsS 超声导波的检测,在炉管一端安装探头即可实现整根炉管 100%腐蚀检测,如图 4-25 所示。

4.4.2.13　某石化厂储罐的 MsS 超声导波检测

图 4-26 为储罐的 MsS 超声导波检测示意图。

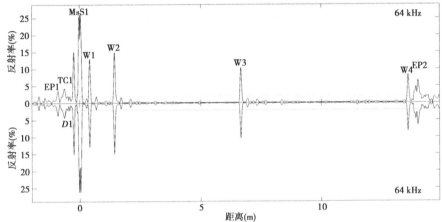

图 4-25　MsS 超声导波检测在炉管检测中的应用及检测数据分析

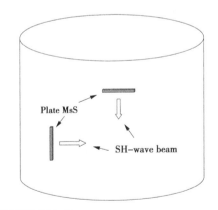

图 4-26　储罐现场检测及数据分析

4.4.2.14　容器壳体的 MsS 超声导波检测

MsS 超声导波技术的柔性板式探头可以贴合内凹或外凸表面,对容器壳体或者大直径管道进行扫描检测,如图 4-27 所示。

4.4.2.15　换热器、空冷器管束的 MsS 超声导波快速检测

MsS 超声导波技术可以对换热器及空冷器管束进行快速筛查,能够通过 U 形弯区域,实现 100% 扫描检测,如图 4-28 所示。

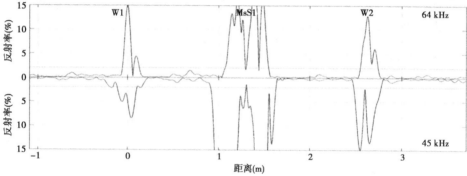

图 4-27　容器壳体现场检测及数据分析

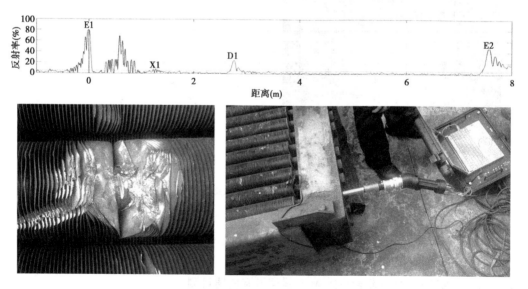

图 4-28　管束现场检测及数据分析

续图 4-28

4.4.2.16　塔器的 MsS 超声导波检测

MsS 超声导波技术的柔性板式探头可以对常温及高温塔器的易腐蚀部位(如浮动液面区域)进行在线检测和长期监测,如图 4-29 所示。

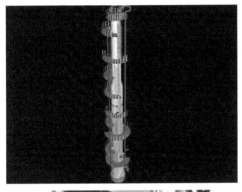

图 4-29　塔器现场检测

4.4.2.17　加气站储气瓶组超声导波检测

天然气加气站是指以压缩天然气(CNG)形式向天然气汽车和大型 CNG 子站车提供

燃料的场所。加气站储气瓶组是储存气的一种,它储存气少,可做暂时用气用,一般先经过前置净化处理,再由压缩机组通过售气机给车辆加气。气瓶在定期检验过程中无法内部检验时,可采用超声导波检测,目的是发现气瓶内表面的腐蚀缺陷,如图 4-30 所示。

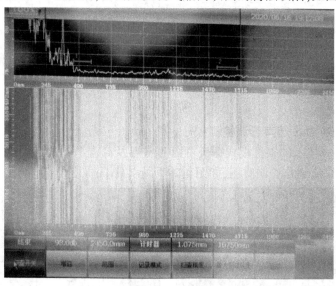

图 4-30　气瓶导波检测图谱

第 5 章 电磁超声检测技术及应用

5.1 电磁超声检测技术原理

5.1.1 电磁超声检测技术的技术背景及发展历史

电磁超声(Electromagnetic Acoustic Transducer, 简称 EMAT)检测技术是无损检测领域出现的新技术,该技术利用电磁耦合方法激励图和接收超声波。与传统的超声检测技术相比,它具有精度高、不需要耦合剂、非接触、适于高温检测及容易激发各种超声波形等优点。在工业应用中,电磁超声技术正越来越受到人们的关注和重视。

目前,电磁超声技术正在快速发展,主要研究方向包括永磁铁的优化、激励线圈形状与排列规则的优化、弱信号的提取等,具体的国内外研究现状如下。

电磁超声技术国外的发展比国内的提前,20 世纪 80 年代这项技术由北京钢铁总院张广纯教授引入国内并开展研究。电磁超声由于其具有不需要耦合剂、耐高温等优点,迅速吸引国内研究者对其展开研究。在国内,具有完整的 EMAT 研究系统的高校和科研单位包括清华大学、华中科技大学、哈尔滨工业大学、电子科技大学、沈阳工业大学、国家特种设备检测研究院等单位。各单位对电磁超声的理论、仿真、试验进行了深刻的研究。清华大学黄松岭教授早在 2001 年就同中石油管道公司合作,对国内大口径长输管道腐蚀缺陷进行检测,并且对电磁超声技术在管道上的应用进行了理论研究和仿真。电磁超声技术具有非接触式的优点,但是提离距离会降低超声能量与电磁能量的转化效率。提离距离也会减少交变磁场的强度,减少接收的信号强度。黄松岭使用 ANSOFT 软件对不同提离高度下的交变磁场的分布进行了仿真,结果表明,考虑到传感器的灵敏度和稳定性应该将传感器的提离高度降低在 2 mm 以下。同时,他针对电磁超声信号的特点,提出了一种分段自适应压缩算法,实现数据的压缩,方便油气管道电磁超声数据的存储。华中科技大学的易朋兴教授同样探究了提离对电磁超声的影响,使用 COMSOL 软件对电磁超声的换能过程进行了仿真,以非铁磁性材料为对象,采取一收一发的探头设置,激励表面瑞利波来探究提离高度变化对表面缺陷的检测与表征。哈尔滨工业大学的康磊、王淑娟教授将电磁超声技术应用于铁轨轨道的检测,发现电磁超声换能器的主要缺点是不能有效地产生超声,于是提出了一种提高非铁磁材料瑞利波效能的电磁超声换能器,新换能器的磁铁比线圈还要窄,并且线圈存在不均匀的分布。经过有限元仿真验证,新换能器能够同时利用水平和垂直磁场,更有效地产生瑞利波。通过试验验证,在同样试验条件下,新换能器产生的瑞利波的振幅比传统传感器高出 90%。沈阳工业大学的杨理践教授对电磁超声测厚技术进行了原理的分析以及数学模型的仿真,针对电磁超声回波信号较弱的问题,提出了电磁超声专用的激励电路,该激励电路体积小,可以实现对频率的调整。西安交通大学陈振茂教授则是将电磁超声技术和涡流技术相结合进行缺陷的检测。相比于电磁超声技术,脉冲涡流技术更容易检测近表面附近的缺陷,而电磁超声技术对于深度较深的缺陷检测有较高的灵敏度。电磁超声技术由于换能效率低,获得的超声信号的幅度较低,信噪比差,回波信号可能被噪声所淹没,所以有必要对电磁超声回波信号进行信号处理,进行弱信号的提取及噪声的消除。电子科技大学的钟光彬使用 EMD 算法,对获得的电磁超声信号进行自动的模态分解,剔除噪声的模态,提高了信噪比。天津大学的李莺莺针对油气管道上的电磁超声信号,采用了新的时域分析技术对其进行分析,获得了良好的效果。

5.1.2　电磁超声原理

电磁超声产生的原理为:在线圈内通入交变的电流,交变的电流会产生交变的磁场,交变的磁场在被测物体表面会产生涡流,涡流在静态磁场和交变磁场共同作用下,产生洛伦兹力,洛伦兹力的方向和涡流的方向垂直,洛伦兹力产生弹性波。如果被测物体是铁磁性材料,则会在洛伦兹力、磁致伸缩力及磁化力共同作用下产生弹性波,其中磁化力可以忽略不计。接收的过程则是激发过程的逆过程。EMAT 的激励和接收是一个多物理场耦合的过程,其中涉及了固体波的传播、涡流场、电磁场及弹性力场,物理过程较为复杂。

处于交变磁场的金属导体,其内部将产生涡流;同时任何电流在磁场中都受到力的作用,而金属介质在交变应力的作用下将产生应力波,频率在超声波范围内的应力波即为超声波。如果把表面放有交变电流的金属导体放在一个固定的磁场内,则在金属的涡流透入深度 σ 内的质点将承受交变力。该力使透入深度 σ 内的质点产生振动,致使在金属中产生超声波。与此相反,由于此效应呈现可逆性。返回声压使质点的振动在磁场作用下也会使涡流线圈两端的电压发生变化,因此可以通过接收装置进行接收并放大显示。把用这种方法激发和接收的超声波称为电磁超声。在这种方法中,换能器已不单单是通用交变电流的涡流线圈及外部固定磁场的组合体,金属表面也是换能器的一个重要组成部分,电和声的转换是靠金属表面来完成的。电磁超声只能在导电介质上产生,因此电磁超声只能在导电介质上获得应用。

电磁超声是一个涉及电场、磁场、固体力学、固体中的超声波等多物理场的检测技术。电磁超声技术在检测物体时,主要由三个部分组成:激励部分、被检测物体及接收过程。激励和接收是电磁超声换能器的最重要部分,激励部分是将电信号转化为超声信号的过程,而接收部分则是将超声信号转换为电信号的过程。其中,依据被测材料的物理性质不同,产生超声波的机制也不相同。在非铁磁性材料中,产生超声波主要是依靠洛伦兹力。而在铁磁性材料中,产生超声波的有洛伦兹力、磁化力及磁致伸缩力,其中磁致伸缩力占主导。

5.1.2.1　电磁超声检测原理介绍

电磁超声系统如图 5-1 所示,它由示波器、工分器、体波传感器探头、控制电脑及 ReticRAM-5000 等装置构成。进行检测时,ReticRAM-5000 仪器既充当激励源也充当接收源。ReticRAM-5000 产生的高频交变电流可以在待测试件表面及内部感应出涡流,涡流在静态磁场作用下会产生弹性力,弹性力会产生弹性波。弹性波传播回来导致涡流场改变,就会被探头接收,最后可以通过示波器查看接收到的波形。接收到的电磁超声信号与普通的超声信号一样,超声的信号处理方法同样适用于电磁超声信号。当存在缺陷时,回波信号不仅携带底部回波信息,同时也会携带缺陷信息。

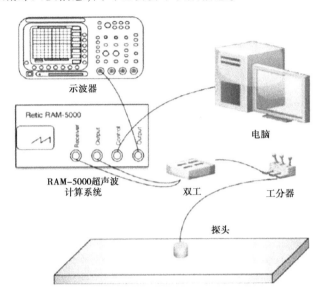

图 5-1　电磁超声系统

5.1.2.2　电磁超声的产生机制

　　将通有高频脉冲电流的扁平状激励线圈置于导电金属试件表面上,线圈产生的交变磁场作用于试件并在试件表面层感应产生频率相等、方向相反的涡电流(涡流),它是由运动着的带电质点组成的。在试件表面上同时置有永久磁铁或直流电磁铁以产生外加恒定磁场,试件中的涡流与恒定磁场相互作用,则金属试件中的带电质点在磁场中流动时会受到垂直于磁场方向和质点运动方向的力的作用,这种力在电动力学上称为洛伦兹力(Lorentz forces,这是电流在磁场中所受的力,垂直于磁场和电流方向)。在该力的作用下,试件的带电质点将发生位移,受交变磁场与恒定磁场的作用,使得带电质点产生高频振动,从而在试件内激发出超声波,超声波的频率与高频脉冲电流的频率相同,改变高频脉冲电流的频率即可改变电磁超声波的频率。这种产生超声波的方法称为电动力学法,也称重叠磁场法,在无损检测技术中统称为电磁超声检测法或者涡流—超声检测法。涡流方向与恒定磁场方向的相交情况不同,洛伦兹力作用的方向也有不同,有水平分量与垂直分量,因此可以在试件内激发出纵波、横波、瑞利波、兰姆波、导波等不同模式。电磁超声检测技术依据的物理基础如图 5-2 所示。

　　涡流线圈贴于金属表面,磁铁如图 5-3 放置,此时金属内的磁力线平行于金属表面。当线圈内通过高频电流时,将在金属表面感应出涡流,且涡流平面与磁力线平行,在磁场作用下,涡流上将受一个力的作用。某一时刻的方向如图 5-3 所示方向向上,半个周期后将受一个向下的力,这样,质点受交变力的作用,因此在作用力方向上产生一个弹性波。由于振动方向和波的传播方向一致,此波为超声纵波。

　　磁力线垂直于金属表面,当贴附于金属表面的涡流线圈通以交变电流时,将在金属表

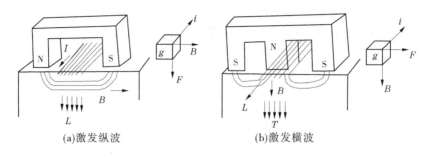

(a)激发纵波   (b)激发横波

图 5-2 电磁超声检测技术依据的物理基础

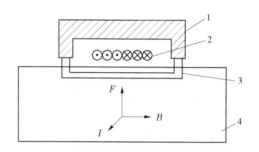

1—磁铁;2—线圈;3—磁力线;4—工件

图 5-3 纵波的激发和接收

面感应出涡流,在外磁场作用下,涡流受力方向平行于金属表面。某一时刻的方向如图 5-4 所示;方向向右,半个周期后质点将受一个向左的力。这样,质点在交变力的作用下产生一个与作用力方向相垂直的弹性波。

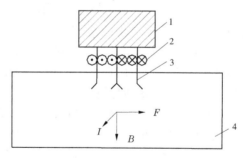

1—磁铁;2—线圈;3—磁力线;4—工件

图 5-4 横波的激发和接收

1. 基本机制——非铁磁性导电体(见图 5-5)

$$\delta = \frac{1}{\sqrt{\pi \sigma \mu f}}$$

电涡流密度:

$$\vec{J}(z,t) = \Box \times \vec{H}(z,t)$$
$$\vec{F}(z,t) = \vec{J}(z,t) \times \vec{B}$$

2. 基本机制——铁磁性导体

洛伦兹力：

$$f_L = \mu_0 \vec{J} \times \vec{H}$$

磁致伸缩力：

$$f_{ms} = E\varepsilon\left(\Delta M_B \vec{B} + \Delta M_H \vec{H_J}\right)$$

磁性力：　　$$f_M = \vec{M} \circ \frac{\partial \vec{H}}{\partial z}$$

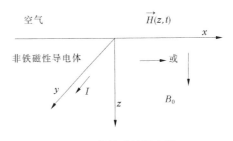

图 5-5　非铁磁性导电性

铁磁性导体主要产生以下波束：

(1)径向偏振剪切波束。

螺线形 EMAT,产生垂直于表面法向传播的径向剪切波。

(2)纵向剪切偏振波束。

切向场 EMAT,激励沿表面法向传播的平面偏振纵波。

(3)平面剪切偏振波束。

法向场 EMAT,激励沿表面法向传播的平面偏振剪切波。

(4)纵向或垂直偏振剪切波束。

曲折线圈 EMAT,激励斜向纵波或垂直偏振剪切波,瑞利波或制导模式板波。

(5)以倾斜角传播的水平偏振剪切波束。

间歇式永久磁铁 EMAT,激励斜向传播,水平偏振剪切波或制导型水平偏振剪切波。

5.1.2.3　电磁超声的等效模型(见图 5-6)

在发射端,信号电缆中的电压、电流分别为：

$$V = V_I\left(e^{-jks} - \Gamma_{aa}e^{jks}\right)$$

$$I = \frac{V_I}{Z_0}\left(e^{-jks} - \Gamma_{aa}e^{jks}\right)$$

当探头阻抗与线缆阻抗相匹配时：

$$\Gamma_{aa} = 0$$

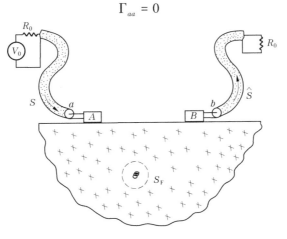

图 5-6　等效模型

在接头端：

$$V = V_I(\Gamma_{ba}\mathrm{e}^{-jks})$$

$$I = \frac{V_I}{Z_0}(\Gamma_{ba}\mathrm{e}^{-jks})$$

其中，Γ_{ba} 为电压透射系数。

根据机电互易关系，若 Γ_{ba} 为无缺陷时透压系数，Γ'_{ba} 为有缺陷时电压透射系数，则

$$\delta\Gamma_{ba} = \Gamma'_{ba} - \Gamma_{ba} = \frac{-I}{4p}\int_{S_F}(\vec{v_1}\cdot\vec{T_2} - \vec{v_2}\cdot\vec{T_1})\cdot\hat{n}\mathrm{d}S$$

P 为信号发生器的电功率，其计算公式为

$$P = \frac{V_I^2}{2Z_0}$$

若缺陷是一个裂纹，由于材料表面应力的消失，可采取更简洁的形式；若裂纹的开口无限小，可选择 S_F 恰好包含该裂纹，则有：

$$\delta\Gamma_{ba} = \frac{j\omega}{4p}\int_{\mathrm{crack}}\Delta\vec{u_2}\cdot\vec{T_1}\cdot\hat{n}\mathrm{d}S$$

在实际工作中，可测量的量是 Γ_{ba}，而不是 $\delta\Gamma_{ba}$，假设：

（1）系统在无声波激励下即 $B_a = 0$ 的电响应是 Γ^e_{ba}；

（2）无缺陷时，声波的响应为 Γ^o_{ba}。则总透射系数为：

$$\Gamma_{ba} = \Gamma^e_{ba} + \Gamma^o_{ba} + \delta\Gamma_{ba}$$

当忽略电路的串扰时，

$$\Gamma^e_{ba} = 0 \quad (b \neq a)$$

在脉冲反射测量中，可采用相位技术去除，由此可得：

$$\Gamma_{ba} = \delta\Gamma_{ba}$$

5.1.2.4　基本方程

在 EMAT 系统中，检测材料（铁磁材料或非铁磁材料）被一个静态磁场和一个动态磁场所磁化。

$$\vec{B_T} = \vec{B_0} + \vec{B}$$

动态磁场的频率很高，幅值很小：

$$(|\vec{B}| \ll |\vec{B_0}|)$$

麦克斯韦方程组的微分形式：

$$\square\times\vec{E} = -\frac{\partial\vec{B}}{\partial t}$$

$$\square\times\vec{H} = \vec{J} + \varepsilon\frac{\partial\vec{E}}{\partial t}$$

$$\square\cdot\vec{B} = O$$

$$\square\cdot\vec{D} = \rho_V$$

5.1.2.5　电磁声波探头

电磁超声波探头的结构主要包括外加恒定磁场产生装置(永磁体或直流电磁铁)、在试件上产生交变磁场的激励线圈(也称发射线圈,通常为低电阻、大电流)、检测线圈(也称接收线圈,用以对反射回波产生感应电动势信号并输出到电磁超声检测仪器,通常为多匝数,以利于提高灵敏度)。为了提高检测灵敏度,通常在检测线圈后还装有三级放大的宽频带前置放大器,此外还装配有金属框架保护,探头表面有瓷保护膜(隔绝高温以及防止破碎氧化皮进入探头中,可减少杂乱噪声),以及连接探头与仪器的屏蔽电缆。

电磁超声波探头在试件中产生超声波的波形种类,发射超声波的功率及可达到的灵敏度及信噪比与永磁体或直流电磁铁的形状、恒定磁场的磁场强度,恒定场与激励线圈的相交角度、激励线圈的结构设计(绕制方式、绕制距数、外形尺寸、线圈排列方式及匝间距)、恒定磁场相对方向的摆放方式,以及永磁体或直流电磁铁规格尺寸与激励线圈尺寸的匹配等都有密切关系。

5.1.2.6　电磁超声检测仪器

(1)实际应用中的电磁超声检测设备基本由 3 部分(简称 EMAT 三要素)组成。

①用于产生高激发磁场的高频线(螺旋形、回折形或其他特殊形式)。

②用来提供外加恒定磁场的磁铁,它可以是永久磁铁或直流电磁铁,通常在试件表面需要达到 0.3~0.4 T 甚至更高的磁场强度。永久磁铁的形状包括柱状、马蹄形、磁条或磁片组合等。

③作为检测对象的工件,它是电磁超声检测的一部分。被检工件的材质必须是导电的或者同时具有铁磁性和导电性。

电磁超声检测设备的基本原理就是围绕着以上三要素展开的,如图 5-7 所示。

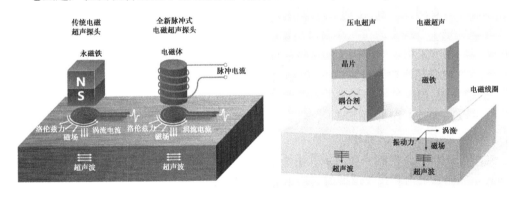

图 5-7　电磁超声检测基本原理

(2)电磁超声检测仪器部分的主要功能。

①发射部分:需要提供较大的输出功率,给电磁超声波探头的激励线圈提供足够功率的激励脉冲电流,对于回折线圈多采用若干周期的脉冲串,对于螺旋线圈则多采用大功率尖脉冲或短时脉冲串,例如通常应用的高压发射器采用 6~7.5 kV 高压直流供电,发射电流峰值可达到 400~500 A,由闸流管和电容器组成功率放大系统,发射线圈和电感电容组成调谐系统,能产生很高的电压峰值波形并且能够控制电流的频率。外加恒定磁场的磁

化源,除了永久磁铁,采用有源直流电磁铁时,需要有直流电源供电;如果应用脉冲磁场,则需要磁脉冲发生器。

②接收部分:接收检测线圈中感应出的脉冲电压是模拟信号,可以与模拟式超声检测仪一样经过低噪声前置放大器放大后,进入接收放大电路处理,最后输出至示波器显示,供检测人员进行分析判断。对于数字式仪器,则是经过低噪声前置放大器放大后,在信号处理和数据采集电路组成的接收单元进一步放大和滤波,最后送至数字转换电路(AD转换)经过相应软件处理后将缺陷反射信号以数字信号形式显示在显示屏上。

与常规超声脉冲反射法检测仪器基本相同,电磁超声检测仪器需要具有同步电路,通过同步信号触发,使发射电路与接收电路同步,由于接收检测线圈中感应出的脉冲电压值很小,因此一般要求主放大器增益达到100 dB,动态范围不小于30 dB。无论是模拟式仪器还是数字式仪器,都可以按照常规超声脉冲反射法检测的方法,根据显示屏上显示的反射信号的幅度和传播时间来评定缺陷的大小、性质和位置,达到检测金属材料中有无缺陷的目的。

5.2　电磁超声检测技术的优点和局限性

5.2.1　电磁超声检测技术的主要优点

(1)电磁超声检测技术主要是通过电磁场激发和接收超声回波,并不需要耦合剂,耐高温,可以在高温的环境下检测缺陷。电磁超声检测技术的能量转换是在工件表面层内直接进行的,可以将工件表面层看成是压电晶片,因此电磁超声检测可以不与被检测的工件接触,不需要耦合介质,特别是可以用在高温状态下金属坯料的非接触在线自动化超声检测(如轧钢生产线上的在线高温自动化超声检测)上,这是电磁超声检测技术所拥有的特殊优势,目前采用压电式探头的常规接触法超声检测是无法承担这样的检测任务的。

(2)在电磁超声检测过程中,可以通过组合不同形式的磁铁及线圈灵活地产生不同模式的超声波,当满足一定的激发条件时,能够激发出纵波、表面波、横波、兰姆波及导波。因此,可以在不变更探头的情况下,灵活地激发出各种超声波波形,实现超声波模式的自由选择,满足不同的检测需求。

(3)对被探测工件的表面质量要求不高。电磁超声检测不需要与传播超声波的材料接触,即可向其发射和接收返回的超声波,因此对被检工件的表面不需要进行特殊清理,如油污、氧化皮,对较粗糙的黑皮表面也可直接进行检测,特别是对于高温检测十分有利。

(4)检测速度快,采用压电式探头的常规超声检测技术的检测速度通常难以突破20 m/min(就目前的国产设备而言),但是电磁超声检测目前的手动检测速度可达5 m/min,采用在线自动化检测时则可达到60 m/min甚至更快。

(5)超声波传播距离远。电磁超声检测在管或钢棒中激发的超声波可绕工件传播几周甚至十几周。在检测钢管或钢棒的纵向缺陷时,探头与工件都不用旋转,使得检测设备的机械结构相对简单,而且设备调整操作简便、轻便、可靠性高,有利于实现在线全自动高速检测。

（6）所用通道与探头的数量少。在实现同样功能的前提下,电磁超声检测设备所选用的通道数和探头数通常少于压电探头型超声检测设备。例如,采用压电式探头的常规超声检测技术进行普通规格的板材自动化检测时,超声检测设备需要几十甚至数百个通道及探头,而电磁超声检测设备通常只需要几个通道及相应数量的探头就可以了。

（7）发现自然缺陷的能力强,电磁超声检测对于钢管表面存在的折叠、重皮、孔洞等不易检出的缺陷都能准确发现,目前动态灵敏度可达到$\phi 2$平底孔当量。此外,电磁超声对各种不同钢材的磁导率比较敏感,可以利用这一原理进行钢材分选。

5.2.2　电磁超声检测技术的主要局限性

（1）检测对象必须是导电介质。

（2）需要有参考标准作为评定依据。

（3）电磁超声检测方法的实施受到被检工件几何形状与尺寸等的限制,目前主要应用于规则几何形状工件(板材、型材、管材)的自动化检测。

（4）与常规超声检测方法相比,其检测灵敏度相对较低,因此使其推广应用受到了限制。

电磁超声检测技术已经广泛应用于各种锻件、钢棒、钢板、钢管(包括无缝钢管、石油套管、焊接管等)的手动、半自动和全自动检测,以及火车轮的动态检查、火车车轮踏面表面和近表面缺陷检测等众多领域。此外,电磁超声检测技术可用于检测试件振动时的机械阻抗变化,还可用于金属芯或金属面的蜂窝结构的胶结质量评定(如检出未黏合、分层等缺陷)及导电层压制品如硼纤维或碳纤维增强的复合材料及金属复合板的未黏合等缺陷的检测。

5.3　电磁超声检测相关标准

目前,国内已发布的有关电磁超声检测的技术标准有：

（1）GB/T 20935.1—2018:《金属材料　电磁超声检验方法　第 1 部分:电磁超声换能器指南》。

（2）GB/T 20935.2—2018:《金属材料　电磁超声检测方法　第 2 部分:利用电磁超声换能器技术进行超声检测的方法》。

（3）GB/T 20935.3—2018:《金属材料　电磁超声检验方法　第 3 部分:利用电磁超声换能器技术进行超声表面检测的方法》。

（4）GB/T 34885—2017:《无损检测　电磁超声检测　总则》。

5.4　电磁超声检测应用及案例

目前,在承压类特种设备检测中主要在电站锅炉水冷壁管及再热器、过热器小管上进行了应用。尤其是在役电站锅炉的水冷壁管,表面状态不好,存在灰焦和氧化物,普通的压电式探头超声波无法穿透工件,需要对钢管外表面进行打磨清理,不但耗费大量人力、

物力,还会损伤钢管使其壁厚减薄,所以在现场检测过程中电磁超声更为方便有利。一般的电磁超声检测步骤为:

(1)校核仪器的扫描线性和垂直线性。

(2)根据所测钢管规格调整检测系统的扫描比例和扫查范围,电磁超声发射垂直入射横波,超声波垂直于钢管外表面入射,在屏幕可视范围内应显示6~8次底波。

(3)调整仪器检测灵敏度,在无腐蚀的壁管上将第1次底波高度设置为80%~90%满屏高作为检测灵敏度,检测壁厚较薄的水冷壁钢管时,第1次底波有可能被始波遮盖,此时可以将第2次底波设置为80%~90%满屏高作为检测灵敏度。

(4)钢管无须进行表面打磨清理,将探头与水冷壁钢管接触或在探头和水冷壁钢管之间放上一层薄的耐磨材料以保护探头,将探头沿水冷壁钢管外壁进行锯齿形扫查,观察多次底波的波幅变化状况。

(5)存储并记录数据。

5.4.1　电站锅炉小管现场检测应用

某电厂定期检验时,高温再热器、过热器管采用电磁超声进行测厚,共计测厚1 000余处,大大缩短了检修周期,减少了许多打磨工作,为电厂检修争取了时间,如图5-8、图5-9所示。

　　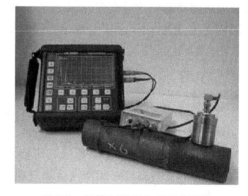

图5-8　高温再热器管电磁超声测厚　　　　图5-9　割管取样后电磁超声测厚

5.4.2　燃气管道带涂层现场检测应用

某加气站定期检验时,燃气管道因环境影响无法正常打磨,现场采用电磁超声进行带涂层测厚,如图5-10所示,大大缩短了检修周期,减少了许多打磨工作,在保证气站安全的同时,也为检修争取了时间,得到了用户的好评,为企业间接节约了成本。

5.4.3　工业管道现场检测应用

在某工业管道定期检验时,因环境影响无法正常打磨,现场采用电磁超声进行带涂层测厚,如图5-11所示,大大缩短了检修周期,得到了用户的好评,为企业间接节约了成本。

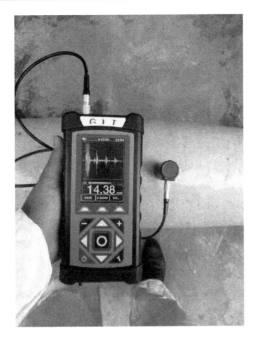

图 5-10　燃气管道带涂层现场检测

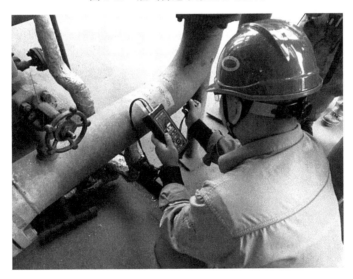

图 5-11　工业管道现场检测

5.4.4　高温管道现场检测应用

由于超声波的产生不受被测物体温度的影响,因此电磁超声检测技术广泛应用于高温、高压管道的测量,如图 5-12 所示。

5.4.5　无缝钢管的检测

在冶金工业中,无缝钢管是由钢锭控制成形的,因此钢管壁厚的均匀程度是评定钢管

图 5-12　高温管道现场检测

质量的重要指标。传统的检测方法是利用尺规测量钢管的头尾尺寸,因无法得知中间部分的数据,所以无法有效控制产品的质量。应用电磁超声检测技术,通过测量钢管上不同位置的壁厚,得知其壁厚的均匀程度,从而为控制产品质量提供了一种可靠的检测手段。

第 6 章　承压类特种设备超声检测技术发展展望

6.1　超声无损检测技术的现状

超声无损检测技术在不同的领域都获得了重视与广泛的应用,在我国承压类特种设备检验检测中也越来越受到重视。我国在承压类特种设备检验检测中超声无损检测技术的研究与应用方面不断取得进步。同时,在承压类特种设备超声无损检测技术领域也存在不少的问题,比如专业无损检测人员较少,设备科技水平低等。所以,要更加重视对该领域的探索与发展。可以结合现代互联网技术建立一些与无损检测技术相关的网站,对检测技术做出改善与调整,促进检测技术的进一步完善,对检测工作各个环节都做出规定,使整个操作有序进行。为了从根本上提高检测技术,可以更新检测设备,紧跟国际标准,对检测人员的综合素质做出规定,对检测人员进行专业知识的培训,建立考核制度,使检测人员的工作水平能达到国际要求,提升超声无损检测工作的水平。

6.2　超声无损检测技术的发展趋势

目前,很多国家都越来越重视无损检测技术在国民经济各部门中的作用,超声无损检测成像技术大多有自动化和智能化的特点,超声成像是定量无损检测的重要工具,在各种探伤手段中,应用超声手段来检测缺陷是目前各国正在探索的一个重点,人们仍在致力于很多方面的研究,如声逆散射理论、新成像机制、神经网络、模式识别等信号处理理论、优质超声探头和其他超声成像元件等。本书所阐述的几种成像技术只是承压类特种设备检测中常用的检测技术。超声无损检测技术伴随材料与工业技术的发展而发展,并随着人们对产品质量与安全性的不断重视而得到进一步提高。

6.2.1　信号处理技术

现代信息技术的发展推动了超声无损检测技术的进步。小波分析技术的应用凭借其诸多优势,已经成为目前超声信号的时频表达的一种方法,在减少噪声、压制数据等方面起到了重要作用。小波分析算法的进一步改进使信号处理的效果变佳,提升小波变换后可以在不同的时空区域变动,进一步提高其降噪能力。非平稳信号处理技术(HHT)变换技术在应用时按照信号局部的变化方式对时频进行分解,减少了人为因素的影响。该技术分解超声回波信号后对回波信号中的信息进行分析,从而定位出缺陷所在位置,人工神经网络技术对不可确定的缺陷与已经掌握的缺陷进行比较后,对不可确定的缺陷做出分析得出其具体属性,选择相对的网络参数来强化识别能力。根据新建立的网络模型使小波神经网络的作用得以发挥。基于多传感器信息融合技术,缺陷识别技术得以应用,不同的传感器检测不同的缺陷,将每一个传感器检测得出的数据进行总结与处理,可以得出一个对被检测对象的详细评价。每一个传感器之间优势互补、信息共享,相比一个传感器工作,可以使整个检测工作更为顺利,更为完整。

6.2.2　新型非接触超声换能技术应用

在以往的接触式换能技术中,检测工作结束之后要进行清除措施,但是容易出现清除不干净的情况,使得产品质量不能保证。新型非接触超声换能技术可以在更多的领域得到应用,能够应对更加复杂的环境。在不断的改进与研究中,这项技术变得越来越实用,可以在高温环境下使用,可以对体积较小、工艺复杂的零部件进行检测。但这项技术在内部结构更复杂、环境更特殊的情况下仍然不能够很好地应用,在未来还需进一步的研究与突破。

6.2.2.1　空气耦合

因超声波在空气中的高声阻、强衰减,空气耦合技术以前用得不多。由于目前已经出现>100 B 增益的低噪声放大器,可以在很大程度上抵消超声波在空气中的损耗,使其可应用性有了很大的提高。空气耦合可进行快速扫查,易实现波形的模式转换,在大面积在线实时扫查、复合材料缺陷检测、表面成像等方面有着良好的应用前景。国内目前对其研究很少。国外许多国家已经将之应用于各种材料研究中。如比利时的 Blomme E 和德国的 R Stoe ssel 分别对几种复合材料(如布料上的涂层及铝板、钢板和薄铸件)的缺陷检测,得到比较满意的结果。美国 QMI 公司生产的空气耦合式数字超声波探伤仪,性能可与普通超声波探伤仪相比。意大利空军已将空气耦合用于飞机复合材料检测中。由于空气耦合衰减过大,适用的频率范围最高只能在 1 MHz 左右,而且作用距离短、带宽窄,限制了其应用范围。为了达到工业化应用的目的,超声的空气耦合正向两个方向发展,即:①研制适用于不同应用环境的空气耦合式超声波换能器;②研制适用于工业化的在线检测系统。

6.2.2.2　激光超声

激光超声是目前国内外研究最活跃的非接触超声换能方法。激光超声具有时间与空间上的高分辨力,为快速和远距离非接触超声波检测创造了条件。适用于常规压电检测技术难以检测的形状结构较复杂或尺寸较小的复合材料及材料的高温特性等研究,如测定 CVD 金刚石薄膜的弹性常数、表面试件的应力状态、高温状态下陶瓷的弹性模量和内部温度分布及飞机上各个部件的定位和成像等。同济大学声学研究所钱梦骙等对激光超声的特性和检测各种材料的力学特性进行了大量的研究。

激光超声应用的主要障碍是超声接收问题。目前的解决途径主要有三个:①采用更高功率的激光器和更强集光能力的干涉仪(如共焦的法布里—珀罗标准具等),以提高实际可利用的激光能量。②采用表面修饰技术,如湿表面技术等,提高样品光学吸收效率,以在较低的光功率密度下产生满意的超声脉冲。③采用信号处理技术,如统计平均和自适应滤波等来抑制噪声,从而提高信噪比。从目前的发展趋势看,激光超声正向两个方向发展:①超快速激发机制及与微观粒子相互作用和微观特性等理论研究。②工业用在线定位监测。

6.2.3 数字化与图像化

现代科技水平的发展与进步,推动了超声无损检测技术科技含量的增加。目前无损检测对检测结果的要求有了进一步的提升,已经不仅仅局限于过去对其缺陷的检查与评估,对缺陷的预测也开始得到重视并由此未雨绸缪,在平时就对生产质量进行严格的监督与管理。因此,在检测过程中,要更为全面地对产品做出检查评估。数字化超声测试设备的使用可以解决以往传统技术应用时出现的各种问题,提高计算结果的准确性,减少人为检测时出现的错误,保证整个检测过程的顺利进行。就目前的发展趋势来看,智能化数字超声检测设备的发展前景更为广阔。结合多种现代先进技术的设备能够全面地提高超声无损检测技术的检测水平,成像技术在无损检测中的应用越来越重要。在现代无损检测技术中,超声成像可以提供直观和大量的信息,直接反映物体的声学和力学特性。目前在无损检测技术领域出现的超声波衍射检测技术(TOFD)和超声相控阵技术结合了电子技术和物理技术,利用超声的衍射和扫描特性,能够实时进行成像显示。

6.2.3.1 自适应技术

自适应技术是一种利用噪声和被测信号不相关的特点而补偿抵消的方法,是基于自适应滤波器原理的一种扩展应用。

自适应技术可以自动调节检测噪声传感器的参数,使噪声抵消效果达到最佳。自适应技术在含有噪声的信号的检测增强、噪声干扰的抵消、波形编码的线性预测、图像自适应压缩编码、图像自适应增强复原和图像识别的自适应分割等方面应用广泛。基于小波变换的自适应滤波方法成了目前研究的热点。北京航空工艺研究所基于这种技术,成功制造出超声自适应扫描成像检测机器人。

6.2.3.2 人工神经网络

人工神经网络是目前研究最多的一种识别方法。人工神经网络具有强大的学习能力,易于实现并行运算,而且便于在硬件上实现,从而可大大提高速度;可实现缺陷的分类,具有很高的识别准确度,对于不完全、不够清晰的数据同样有效;它的自组织和自适应学习功能大大放松了传统识别方法所需的约束条件,使其对某些识别问题显示出极大的优越性。

人工神经网络在超声无损检测中有大量的应用,其中包括以固有频率为特征量,利用人工神经网络实现复合材料中缺陷类型的识别;利用脉冲回波幅度作为特征量训练人工神经网络,实现对横穿孔、平底孔及裂缝等缺陷类型的识别。人工神经网络在超声无损检测中的应用还有强噪声影响下的缺陷回波识别、粗晶材料结构的信噪比的提高、混凝土的设计强度识别、三维超声识别、定位跟踪识别等,且研制了许多专家系统。目前,最热点的问题是基于小波变换的人工神经网络研究。

6.2.4 网络化

无损技术的应用过程中,将多种技术综合应用可以更好地开展监测工作。在同样的设备中,通过多种检测方法,将数据进行收集与处理,通过分析,使检测结果更加准确。我国在复合式无损检测技术的应用过程中主要采用综合型的无损检测,使得超声检测技术等集合而成的集成化无损检测技术能够更加便捷地发挥其特有的检测优势,更精准地定位产品缺陷。在检测过程中,每一个位置的检测人员都可以将各自获取的数据信息进行共享,各个环节的联系与交流使得检测工作的效率提高,这就是检测技术集成的一个表现。集成技术在检测工作中的不断应用,使产品的检测结果向定量转变,保证了检测工作的质量。

6.2.5　集成化、自动化

超声波无损检测设备在满足各种工业检测基本要求的同时,将朝着集成化、自动化方向发展。

集成化的发展不仅使得探伤仪器携带方便,而且使其在复杂环境下的无损检测成为可能。随着电子技术的发展,超声波无损检测设备逐步向小型化、集成化发展,比如新型的 TOFD 声波检测仪,其平均在 5 kg 以内。

超声波无损检测设备的自动化应用不仅可以节省人力,也能保证检测的重复性、检测结果的可靠性和准确性。随着智能化机器人的引入和发展,已经形成了机器人检测的新时代,例如丹麦 Force 研究所的爬壁机器人,采用磁吸附与预置磁条跟踪方式检测各类大型储罐与船体的缺陷。多通道自动化检测设备已经广泛应用于各类管材、板材、压力容器和航空航天等行业的金属及非金属的自动化在线检测。

6.3　衍射时差法检测技术的展望

必须清醒地认识到,TOFD 检测技术有其固有的缺点,例如,由于侧向波和底部回波的存在,在 TOFD 扫查的上下表面附近存在盲区,需要辅助其他检测手段;难以解释缺陷性质,夸大了一些危险性不大的如气孔等缺陷;实际检测中缺陷长度方向误差较大;对横向裂纹可能造成漏检等。

由于 TOFD 衍射波检测技术和射线检测的本质差异,其检测结果有可能存在不一致,导致一些不必要的误会。出于对设计、监督监理监造、业主易于认可的角度考虑,目前对制造安装的承压设备质量控制检测来说,TOFD 衍射波检测技术的检测范围最好为厚壁容器,以便扬长避短,充分发挥 TOFD 检测技术的长处,提高安全性。特别是对于射线检测很容易进行的薄壁容器,优先选用射线检测。

TOFD 检测技术应该与表面检测技术(如电磁检测)结合使用,避免漏检表面或近表面缺陷。对于特定设备和缺陷,还要采用非平行、平行和横向等组合扫查技术,配合脉冲回波超声技术,确保检出垂直于焊缝横向缺陷。

随着我国经济和技术的发展,百万吨乙烯、千万吨炼油、百万千瓦核电站、煤液化工程、煤化工工程等大型工程建设项目大批兴起,大直径厚壁压力容器日益增多。对厚度超过 100 mm 的压力容器焊缝的射线照相已成为约束压力容器制造的瓶颈,尤其是现场组焊的厚度超过 200 mm 的压力容器焊缝实施射线照相是非常困难的。因此,TOFD 检测技术的应用对国内大型压力容器的制造和发展具有重要意义,且具有必要性和紧迫性。

TOFD 检测技术特别适合于大型承压类设备的制造和安装,能够大大降低生产成本,提高我国各类制造业的竞争能力。

6.4　相控阵检测技术的展望

在声压有效范围内,采用相控阵检测技术可以实现关注区内的所有区域的虚拟聚焦,在不移动探头的情况下,就可以实现更大范围的全聚焦扫查,且可以检出不同方向的缺陷。基于前述技术优势,可以实现对结构复杂部件及探头移动空间受限部件的在役检查。近年,高强/非高强紧固件的质量是人们对许多承压类设备较关注的问题,但由于紧固件数量巨大、规格不一,使得对该类部件只能进行抽检。相控阵检测技术的高效率及对复杂构件检查时的优势,使得对此类部件的全面入厂复验变为可能。此外,例如火电厂汽轮机叶片根部由于结构复杂且探头可移动范围受限,对其第一齿根的在役检查一直是个技术难点,采用相控阵检测技术可实现对叶片第一齿根实施更高效、更精确的在役检测。

相控阵检测由于采用的是单个阵元激发,所有阵元接收的信号发射—接收模式,其发射声能较低,对大厚度部件底部区域的检测灵敏度较低,但采用诸如板波全聚焦等全阵元若干次激发,全阵元接收的模式进行数据采集则可在大厚壁底部区域获得较高的检测灵敏度。

相控阵检测技术有更小的近表面盲区、更高的检测灵敏度,从而可以对承压类设备的管道不规则的腐蚀坑及微小腐蚀坑具有显著的检测优势,可以实现高效的在役检查。

由于相控阵检测技术具有更小的近表面盲区、更高的检测灵敏度、更快的检测效率及直观的缺陷信号显示等诸多优势,使得该项技术在承压类及其他行业金属部件的在役检查工作中有更广阔的推广与应用空间。与此同时,该项技术还存在诸如发射声能较低、成像算法有差异及无国内标准可参考等问题,需要继续探讨。

6.5　超声导波技术的展望

总体上,超声导波技术在当前的无损检测领域是一个热门且相对新颖的技术,无论是理论研究还是实际应用都还有较长的路要走。当前的超声导波检测局限性较大,但是不可否认的是,与传统的超声波检测相比其优势显著,其可根据超声导波在波导介质中传播的特性对波导介质的结构缺陷进行大范围的实时监测。以前超声导波技术主要应用于板材、管道、柱体的检测,现在已扩展到复合板材、充液管道、非均匀柱体,今后导波的理论会更加深入于有更多复杂结构的固体介质中。此外,超声导波在黏弹性介质中的传播、波导介质受到的内力与外力作用及在液体介质中的衰减,对这些方面的研究也将是实际测量中定量评价的前提。克服介质结构与外界环境的复杂影响将是超声导波检测及定位技术的发展方向。国内对超声导波检测技术的实际应用尚不成熟,暂未形成一套成熟的商业化的超声导波检测设备。对于国内业界的科研工作者及从事超声导波检测的工作者来说,这是一个机遇,也是一个挑战。未来关于超声导波的研究将更具挑战性,如复杂结构中的导波频散抑制与模态选择及其相关算法、超声导波成像技术与缺陷的定量表征、对于复杂结构检测与导波信号分析算法的优化及复杂环境及结构下导波传播模型等。但总的来说,由于超声导波具有其独特的性质,即频散和多模态特性,今后对超声导波的研究与应用也将围绕这两方面进行。相信在不远的将来,超声导波技术不仅会应用于相关行业的无损检测及结构监测,也会在其他领域中有更广泛的应用。

6.6　电磁超声技术的展望

由于 EMAT 以其具有换能器与媒质表面非接触、无须加入声耦合剂,以及重复性好、检测速度快,适合动态、高温检测,经济、环保等诸多优点,而日益受到声学和无损检测各方面人员的关注。可以预见,在不远的将来,电磁超声技术将成为无损检测领域中的主流技术,并将发挥出不可替代的作用。

超声技术正向着数字化、自动化、智能化、图像化和多领域化方向发展,以实现复杂形面、复杂结构的超声扫描成像无损检测,满足现代质量对无损检测的要求。无损检测行业作为技术性前沿行业一直"被需要",无法被取代,也从未离开过所有产品生产质量把控这一关,而无损检测人员作为技术的开拓者也不断地"被需要"! 随着超声检测技术的进步,对于无损检测人员技术方面的要求将会有更多变化,其中一个就是对计算机操作的要求。另外,对于职业证书的要求将有所变化和升级,因此无损检测人员必须时刻保持学习状态。

要立足于超声无损检测技术在国内的发展现状,提高对超声无损检测技术方面的重视程度,进一步规范检测方法,尽快制定检测标准(如行业相控阵标准一直空缺),同时结合现代科技,促使我国无损检测技术的进一步发展与进步,早日接轨国际。

参 考 文 献

[1] 车得福,庄正宁,李军,等.锅炉[M].2版.西安:西安交通大学出版社,2008.

[2] 林宗虎,徐通模.实用锅炉手册[M].2版.北京:化学工业出版社,2009.

[3] 党林贵,沈钢,陈国喜,等.工业锅炉设备与检验[M].郑州:河南科技出版社,2019.

[4] 李世玉.压力容器设计工程师培训教程[M].北京:新华出版社,2019.

[5] 岳进才.压力管道技术[M].2版.北京:中国石化出版社,2006.

[6] 沈松泉,黄振仁,顾竟成.压力管道安全技术[M].南京:东南大学出版社,2000.

[7] 赵昆.电站锅炉承压部件失效模式与风险评估研究[D].济南:山东大学,2014.

[8] 蔡晖,等.发电厂与电网超声检测技术[M].北京:中国电力出版社,2019.

[9] 薛永盛.TOFD检测上表面盲区的讨论[J].无损探伤,2014(4):41-43.

[10] 曲志刚,武立群,安阳,等.超声导波检测技术的发展与应用现状[J].天津科技大学学报,2017,32(4):1-8.

[11] 任志宏.超声无损检测技术现状与发展趋势[J].技术与市场,2016,23(9):255-256.

[12] 胡天明.超声探伤[M].武汉:武汉测绘科技大学出版社,2000.

[13] 林书玉.超声换能器的原理及设计[M].北京:科学出版社,2004.

[14] 高长银.压电效应新技术及应用[M].北京:电子工业出版社,2012.

[15] 薛永盛.TOFD方法在电厂减温器检验中的应用[J].无损探伤,2015(2):35-36.

[16] 李玉军,薛永盛,韩志刚.水电站蜗壳舌板对接焊缝的超声波相控阵检测[J].无损检测,2011(3):17-20.

[17] 党林贵,王发现,娄旭耀,等.TOFD检测在电站锅炉主蒸汽管道检验中的应用研究[R].2015.

[18] 胡先龙,季昌国,刘建屏,等.衍射时差法(TOFD)超声波检测[M].北京:中国电力出版社,2015.

[19] 李行,李明东.超声波阵列探头的结构和特性[J].无损检测,2005,29(6):47-52.

[20] 张国强,刚铁,沙正骁.快速线性阵列超声波相控阵自动检测[J].无损检测,2017,39(5):53-56.

[21] 李行.相控阵超声技术第三部分探头和超声声场[J].无损检测,2008,32(1):24-29.

[22] 潘亮,董世运,徐滨士,等.相控阵超声检测技术研究与应用概况[J].无损检测,2013,35(5):26-29.

[23] 王维东,王亦民,孟倩倩,等.超超临界锅炉小径管焊缝的超声相控阵检测工艺[J].无损检测,2015,37(12):49-52.

[24] 王悦民.相控阵超声检测技术与应用[M].北京:国防工业出版社,2014.

[25] 何存富,郑明方,吕炎,等.超声导波检测技术的发展、应用与挑战[J].仪器仪表学报,2016,37(8):1713-1735.

[26] 周正干,冯海伟.超声导波检测技术的研究进展[J].无损检测,2006,28(2):57-63.

[27] 王维东.小径管焊缝的超声爬波检测方法[J].无损检测,2017,39(7):28-32.

[28] 樊利国,荆洪阳.爬波检测及其应用[J].无损检测,2005,27(4):212-216.

[29] 曹云峰,花喜阳,田尉建,等.镍基合金螺栓超声检测的典型案例[J].无损检测,2016,38(11):79-82.

[30] 罗琅,王建平,奚延安,等.NO8810镍基合金焊缝的超声检测[J].无损检测,2016,60(3):60-65.

[31] 赛鹏,王佐森,张建磊,等.焊缝根部及近根部垂直面积型缺陷的超声检测[J].无损检测,2016,38

　　　　　(9):53-56.

[32] 陈君平,杨文峰,韩腾,等.P91P92钢管道对接焊缝微裂纹的超声波检测[J].无损检测,2016,38
　　　　　(8):144-146.

[33] 沈功田,张万岭.压力容器无损检测技术综述[J].无损检测,2004,26(1):37-40.

[34] 刘洪杰,韩庆元.压力容器焊缝缺陷的检测和分析[J].检查与测量,2011(1):37-40.

[35] 刘传良.综述压力容器超声波探伤检测的技术问题[J].广东科技,2011,11(22):55-57.

[36] 王晓雷.承压类特种设备无损检测相关知识[M].北京:中国劳动社会保障出版社,2007.

[37] 张金颖.超声无损检测在承压类设备检测中的应用[J].中国高新技术产业,2012(3):81-82.

[38] 郑晖,林树青.超声检测[M].北京:中国劳动社会保障出版社,2008.

[39] 敬人可.超声无损检测技术的研究进展[J].理论与方法,2012,31(7):28-34.

[40] 林莉,杨平华,张东辉,等.厚壁铸造奥氏体不锈管道焊超声相控阵检测技术概述[J].机械工程学
　　　　　报,2012,48(4):12-20.

[41] 吕庆贵.超声相控阵成像技术研究[D].太原:中北大学,2009.

[42] 钟志民,梅德松.超声相控阵技术的发展及应用[J].无损检测,2002,24(2):69-72.

[43] 陈小哲.超声波技术在压力容器焊缝检测中应用于试验研究[D].秦皇岛:燕山大学,2015.

[44] 任晓可.电磁超声技术在钢板缺陷检测中的研究[D].天津:天津大学,2008.

[45] 陈居术,孙新岭,张涛,等.管道焊缝的应力腐蚀及其控制[J].油气储运,2003,22(11):42-45.

[46] 李娜.国外管道焊缝缺陷超声波检测现状[J].机械工程师,2008(12).

[47] 梁宏宝,朱安庆,赵玲.超声检测技术的最新研究与应用[J].无损检测,2008,30(3):45-48.

[48] 王勇,沈功田,李邦宪,等.压力容器无损检测——大型常压储罐的无损检测技术[J].无损检测,
　　　　　2005,27(9):487-490.

[49] 李家伟.无损检测手册[M].北京:机械工业出版社,2012.

[50] 陈君平,杨文峰,胡先龙,等.电站锅炉厚壁联箱焊缝的超声波检测[J].无损检测,2010,32(4):
　　　　　298-300.

[51] 何存富,李隆涛,吴斌.周向超声导波在薄壁管道中的传播研究[J].实验力学,2002,17(4):419-
　　　　　424.

[52] 李中伟,刘长福.无损检测用超声导波的激励波形研究[C]//中国计量协会冶金分会2013年会论
　　　　　文集,2013.

[53] 赵振宁,吴迪,张博南,等.薄板中超声导波传播模态信号分析方法[J].无损检测,2017,39(1):10-
　　　　　15.

[54] 党林贵,李玉军,张海营,等.机电类特种设备无损检测技术[M].郑州:黄河水利出版社,2012.